U0269666

SELECTED CASES OF APPLICATION
OF BIM IN CIVIL ENGINEERING

BIM在土建工程中应用案例精选

刘 辉 主 编
李昌宁 副主编

人民交通出版社股份有限公司
China Communications Press Co.,Ltd.

内 容 提 要

为了积极推进 BIM 技术应用与研发工作，中铁一局集团有限公司在工程项目施工信息化管理，特别是在 BIM+ 无人机 + 精密测量、BIM+VR、BIM+ 工程大数据等方面积极探索和实践，取得了一批优秀成果。本书分别选取介绍了中铁一局集团有限公司获得 2017 年度陕西省"秦汉杯"第二届 BIM 应用大赛一、二等奖的工程项目，其中也将中国建筑、中铁建设、中铁四局以及铁一院等单位的获奖工程项目一并纳入本书，以飨各位读者，供各位同行参考、学习。

图书在版编目（CIP）数据

BIM 在土建工程中应用案例精选 / 刘辉主编 . -- 北京：人民交通出版社股份有限公司，2019.1
ISBN 978-7-114-14999-3

Ⅰ . ① B··· Ⅱ . ①刘··· Ⅲ . ①土木工程－建筑设计－计算机辅助设计－应用软件－案例 Ⅳ . ① TU201.4

中国版本图书馆 CIP 数据核字（2018）第 210414 号

书　　　名：	BIM 在土建工程中应用案例精选
著 作 者：	刘　辉
责 任 编 辑：	王　霞　李　娜
责 任 校 对：	刘　芹
责 任 印 制：	张　凯
出 版 发 行：	人民交通出版社股份有限公司
地　　　址：	（100011）北京市朝阳区安定门外外馆斜街 3 号
网　　　址：	http://www.ccpress.com.cn
销 售 电 话：	（010）59757973
总 经 销：	人民交通出版社股份有限公司发行部
经　　　销：	各地新华书店
印　　　刷：	北京市密东印刷有限公司
开　　　本：	787×1092　1/16
印　　　张：	19.25
字　　　数：	373 千
版　　　次：	2019 年 1 月　第 1 版
印　　　次：	2019 年 1 月　第 1 次印刷
书　　　号：	ISBN 978-7-114-14999-3
定　　　价：	118.00 元

（有印刷、装订质量问题的图书由本公司负责调换）

编　委　会

主　　　编：刘　辉

副　主　编：李昌宁

编委会成员：李　炜　李少彬　马少雄　宋　林　徐　宏　董晓光　牛丽坤

　　　　　　李海珍　戴　宇　朱晓夷　节妍冰　董凤翔　于兴义　刘建廷

　　　　　　陈一鑫　裴清宁　张晓明

序　言

　　BIM 是以三维数字技术为基础，集成建设工程项目各种相关信息的工程数据模型，同时又是一种应用于设计、建造、管理的数字化技术。BIM 技术作为实现建设工程项目生命周期管理的核心技术，正引发建筑行业一次史无前例的彻底变革。BIM 是建筑行业信息技术发展的必然趋势，将进一步推动建筑粗放式向集约精细化方向发展。

　　在国外，BIM 技术的研究和应用已经得到各类工程项目参与方的广泛重视，并应用于项目的全生命周期中，它贯穿了建筑工程项目的规划、设计、施工、运维管理及后续的改造和拆除阶段。美国是首批应用 BIM 的国家之一，早在 2003 年美国总务管理局 (GSA) 公布国家 3D、4D、BIM 计划，目前 GSA 正在研究将 BIM 技术应用到整个项目的生命周期中。2010 年，新加坡建筑建设局制定了 BIM 推广 5 年计划，强制地于 2015 年执行电子化递交建筑、结构、设备的审批图。英国内阁办公室于 2011 年发布《政府建设战略》文件，强制于 2016 年实现全面协同的 3D-BIM。在国内，香港房屋署于 2006 年率先研究使用 BIM。2010 年 10 月建设部发布了关于做好《建筑业 10 项新技术 (2010) 推广应用的通知》，提出要推广使用 BIM 技术辅助施工管理。2011 年 5 月，住房和城乡建设部颁布了《2011—2015 年建筑业信息化纲要》(以下简称《纲要》)，《纲要》把 BIM 作为支撑建筑行业产业升级的核心技术重点发展。2012 年 1 月，住建部印发了"关于 2012 年工程建设行业标准规范制定修订计划的通知"，标志着中国 BIM 标准制定工作的正式启动。《2016—2020 年建筑业信息化发展纲要》中积极推进"互联网 +"和建筑行业的转型升级。尤其在发展目标中重点突出了关于建筑信息化的具体落实计划，文件中提出了五大信息技术中 BIM 位列第一。

　　BIM 技术通过利用数字模型将贯穿于建筑全生命周期的各种建筑信息组织成一个整体，对项目的设计、建造和运营进行管理。BIM 技术改变了建筑业的传统思维模式及作业方式，建立设计、建造和运营过程的新组织方式和行业规则，从根本上解决工程项目规划、设计、施工、运营各阶段的信息丢失问题，实现工程信息在生命周期的有效利用与管理，显著提高工程质量和作业效率，为建筑业带来巨大的效益。美国斯坦福大学整合设施工程中心 (CIFE) 根据 32 个项目总结了使用 BIM 技术的效果：消除 40% 预算外变更；造价估算耗费时间缩短 80%；通过发现和解决冲突，合同价格降低 10%；项目工期缩短 7%,及早实现投资回报。

　　然而,从行业发展现状来看,BIM 技术主要应用于复杂造型建筑的建筑设计,以提高设计效率;碰撞检查,减少图纸错误;出构件加工图,保证构件加工精确;建立建筑三维模型,指导施工。因此,BIM 技术在实现复杂造型建筑的设计、不同专业模型碰撞检查等方面成效显著,但应用集中在设计阶段,还没有实现在生命周期应用。此外,相比之 BIM 应用逐渐成熟的建筑业,铁路、城市轨道交通等行业的工程信息化水平相对较低,如隧道工程,其本质是一种离散的资源管理模式,与 BIM 所具有的集中的资源管理模式相差甚远,由于目前主流的 BIM 软件平台均没有专门针对隧道工程的 BIM 辅助设计软件,完全依靠手动建模存在效率低、精度低、模型成果不规范等问题,制约着 BIM 技术在铁路工程中的应用效率。2013 年,中国铁路总公司(以下简称"铁总")将 BIM 技术引入铁路工程建设领域。为推动 BIM 技术在铁路工程中的应用,最先在宝兰客专石鼓山隧道中开展 BIM 试点应用,为 BIM 技术在铁路工程中应用的可行性做了探索性研究。随后铁总又在 2014 年新开工的 16 个项目中开展了多个专业的 BIM 试点应用,旨在更加深入地研究 BIM 技术在铁路工程设计阶段的应用。近几年,在中国铁路 BIM 联盟的推动下,开展了多个铁路 BIM 标准的编制和发布工作,使得 BIM 技术在铁路行业得到了稳步的推进。

　　以此为契机,中铁一局集团有限公司系统整理遴选了在铁路、城市轨道交通及其他建筑等专业领域的成功应用案例,以期将相关 BIM 应用成果为后序阶段 BIM 更深层次的应用提供良好的信息应用基础,使现阶段 BIM 成果价值最大化。研究成果对于类似铁路工程 BIM 技术应用具有可借鉴和指导的意义。然而,基于 BIM 技术的三维设计要完全取代现有二维设计手段仍然需要一个长期的实践与迭代过程,需要铁路工程、城市轨道交通工程等各参建方共同参与研究,进行更加深入的二次开发,才能促使以铁路工程为代表的整个建设行业实现 BIM 技术健康可持续发展。

　　当前,BIM 已从最初的应用推广引导阶段发展到全面推进及多政策融合发展阶段,未来 BIM 政策将与装配式建筑、互联网等相关政策进一步融合,服务建设工程集成化管理、科学决策与提质增效。需要我们持续关注,打破传统的藩篱,积极探索,共同助力建设行业健康发展。

刘辉

前　言

　　随着我国国民经济的持续、快速发展，城市化、工业化进程不断加快，对于土建工程的建设，国家和地方政府正逐步致力于扩大建设规模、改进施工工艺、提高施工效率，建筑施工工程设计、施工管理难度越来越大。然而，自 BIM 技术引入我国工程建设领域以来，不论在技术手段上，还是在管理过程中，都体现了前所未有的促进作用，为建筑企业也带来更多的新价值。BIM 在建筑行业信息化的发展背景下得到了飞速发展，在土建工程中的应用越来越受到重视。

　　为此，中铁一局集团有限公司积极推进 BIM 技术的应用与研发工作，在工程项目施工信息化管理，特别是在 BIM+ 无人机 + 精密测量、BIM+VR、BIM+ 工程大数据等方面积极探索和实践，取得了一批优秀成果。并组织编写了《BIM 在土建工程中应用案例精选》，分别选取介绍了本公司获得 2017 年度陕西省"秦汉杯"第二届 BIM 应用大赛一、二等奖的工程项目，其中也将中国建筑、中铁建设、中铁四局以及铁一院等单位的获奖工程项目一并纳入本书，以飨各位读者，供大家参考、学习。

　　本书由刘辉任主编，李昌宁任副主编，编写过程中得到陕西省建筑业协会、陕西省BIM 联盟、陕西省土木建筑学会、中建三局安装工程有限公司、中建八局西北分公司、中铁四局建筑工程有限公司、西北勘测设计研究院、陕西建工集团有限公司、铁一院、西安九赫建筑工程设计公司以及中铁一局二公司、三公司、四公司、五公司、电务公司、新运公司、城轨公司、广州公司、桥梁公司、建安公司、天津公司、厦门公司等单位的大力支持，在此一并表示感谢。

　　鉴于编者水平有限，书中难免有疏漏甚至错误之处，敬请读者批评指正，以便编者的修订、补充和完善，在此表示感谢！

编　者

2018 年 10 月

目　录

第三部分

BIM在其他建筑工程中的应用 ·············· 117

第一部分

BIM在铁路工程中的应用

BIM技术在银西高铁工程中的应用研究

1 概 述

　　BIM 技术自诞生以来，最早应用于建筑领域，目前在建筑行业已有较为成功的应用案例，并且有较为成熟的配套软件支持。在基础设施建设领域特别是铁路工程中近几年才进行研究应用，在中国铁路 BIM 联盟组织推动下，其标准规范体系逐步完善，各试点项目正在稳步推进，BIM 技术在铁路工程中的应用得到快速发展。

　　本次研究选取银西高铁项目中的一站一区间和两座特殊桥梁作为 BIM 技术应用工程。新建银川至西安铁路位于陕西、甘肃及宁夏回族自治区等三省（区）境内，线路正线约长620km（西安北站至银川站），设计速度为 350km/h。

　　一站一区间有桥梁 13 座，隧道 4 座，桥隧总长 22078.87m，包括：九龙河大桥、宁县二号隧道、马莲河特大桥等桥隧工程，特殊桥梁包括渭河特大桥和黄河特大桥。渭河特大桥全长 13132.86m，主桥采用 3 联 3×60m 和 2 联 4×60m 桁腹式钢混组合结构。其主桥模型如图 1 所示。

　　银川机场黄河特大桥全长 13814.68m，主桥采用 96m 简支钢桁梁和 3×168m 连续钢桁柔性拱结构。其主桥模型如图 2 所示。

图 1　渭河特大桥主桥模型

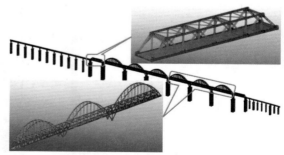

图 2　黄河特大桥主桥模型

　　本研究主要采用 PowerCivil、Revit、Tekla、ProjectWise 、Navisworks、ProStructures 等软件作为解决方案。

2 BIM 技术的应用研究

2.1 常规桥隧工点设计应用

随着高速铁路的快速发展，其桥隧工程占线路长度的比例不断增加，一般项目均在 50% 以上，部分项目甚至达到 90% 以上，其中 95% 左右为常规的桥隧工点。经过前期的研究开发，完成了基于 PowerCivil 和 Revit 平台开发的 Bridge ADS、BIMRBD、BIM BDS、BIM TT 等一批铁路桥隧辅助设计软件，同时还完成了铁路桥隧标准构件库和能自定义的参数化构件库的创建。

2.1.1 桥梁设计

利用桥梁辅助设计软件可导入线路、地形、地质数据，从墩台基础设计到 BIM 模型的创建、修改，再到利用 BIM 模型进行基础的优化，最后生成施工图。桥梁的部分二维图纸可以通过定制模板利用模型的剖切投影得到，如横断面图等；有些图纸只能采用共用数据库通过参数化生成所需图纸，如曲线段的桥梁立面图等。铁路桥梁 BIM 设计系统界面如图 3 所示。

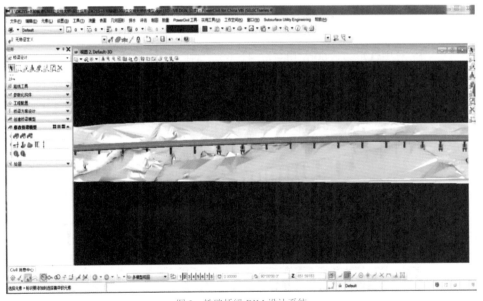

图 3　铁路桥梁 BIM 设计系统

2.1.2 隧道设计

（1）导入基础数据

通过对 BIM 软件平台的二次开发，导入地形、地质模型及线路平、纵断面数据，实现了隧道工程 BIM 快速设计。

（2）隧道衬砌断面设计

输入隧道基本信息，确定隧道结构设计参数，创建基本隧道断面，构建隧道断面库，并根据地质资料设计隧道结构拼装断面序列，最后形成整个隧道 BIM 模型。

（3）隧道洞身设计

根据围岩地质情况设计隧道洞身结构，完成隧道结构整体装配。

（4）隧道结构 BIM 设计

隧道结构设计主要包括锚杆、钢架和二次衬砌钢筋等。在 Benley ProStructure 中可选择我国本地化技术规程进行设计，采用交互式操作完成隧道钢筋、钢架 BIM 模型，并完成工程数量统计。

利用隧道辅助设计软件从隧道设计参数输入，到创建基本隧道断面，再根据地质资料设计隧道断面结构，最后完成隧道钢筋、钢架 BIM 模型和工程数量统计。实现铁路桥隧工点的三维可视化人机交互设计。

以 BIM 技术为核心，实现了常规桥隧工点在 BIM 平台上的正向设计，达到了高效建模、高效出图算量的预期目标。满足铁路桥隧标准化、自动化及批量化设计要求。

2.2 特殊桥梁 BIM 模型创建及应用研究

2.2.1 BIM 模型创建

渭河特大桥采用 3 联 3×60m 和 2 联 4×60m 钢腹杆预应力混凝土组合结构，共 17 孔，组合结构腹板采用无竖杆三角桁，结构通透，造型美观，与周围景观协调统一。

渭河特大桥创建的 BIM 模型包括钢腹杆组合结构、空腹连续梁、连续梁—桁组合结构、主桥模型、全桥模型。其全桥模型如图 4 所示。

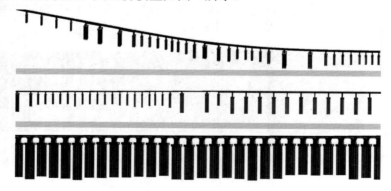

图 4　渭河特大桥全桥模型

本桥为 3×168m 连续钢桁柔性拱，桁高 12.8m，矢高（上弦以上）28m，设计采用平行弦钢桁梁加拱方式，增加跨越能力，结构刚度较大，造型美观，施工方便，为在高速铁路上首次采用并获得专利。

　　黄河特大桥创建的 BIM 模型包括 96m 简支钢桁梁、3×168m 连续钢桁柔性拱、主桥模型、全桥模型。其中 96m 简支钢桁梁模型如图 5 所示，3×168m 连续钢桁柔性拱模型如图 6 所示，全桥模型如图 7 所示。

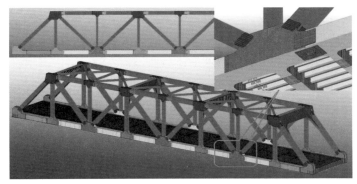

图 5　96m 简支钢桁梁

图 6　3×168m 连续钢桁柔性拱

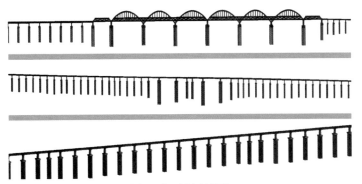

图 7　黄河桥全桥模型

　　通过建立模型，进行碰撞检查，校核施工图中的差错漏碰等问题，并在杆件加工阶段进行调整，减少现场变更，保证施工工期。

2.2.2 施工模拟应用研究

采用动画的形式来表述施工过程，使复杂的工法变得清晰明了，比传统的施工工法，更能快速、准确地表达设计者的意图，使得在方案比选、技术交底等方面更加直观。

2.2.3 场景漫游动画应用研究

利用已完成的 BIM 模型来创建漫游动画既简单又方便。复杂、专业的桥隧结构用动画视频来讲解更易被接受、推广，使其变成了各种专题汇报中不可或缺的内容。

2.2.4 特殊钢桥建模程序开发研究

由于没有铁路钢桥杆件和节点的模块，采用 Tekla 建模时重复工作量过大，后期修改繁杂，为此开发了参数化创建箱形杆件和钢桥节点程序，大大提高了建模效率。铁路钢桥箱形杆件及节点程序界面如图 8 所示。

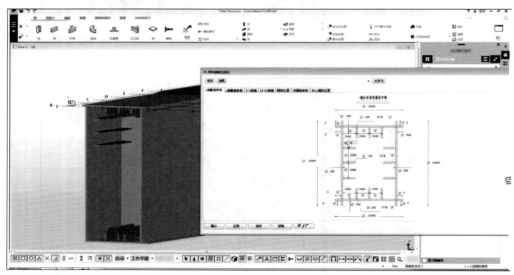

图 8　铁路钢桥箱形杆件及节点模块

2.3　BIM 协同设计研究

铁路工程相比建筑工程具有参与设计专业多，专业间接口复杂的特点。因此，在设计过程中应重视专业间的协同工作管理。经实践验证，PojectWise 具有较好的协同工作管理功能，能够有效地管理铁路 BIM 协同设计中的工作流和数据流。

2.3.1 创建项目，配置相关专业及角色

首先，在 ProjectWise 管理员端创建项目数据源，设定参与项目的专业和设计角色。

2.3.2 创建设计工作流

在整个设计过程中，工作流可细分为互提资料工作流和工点设计工作流。分别创建两个工作流及工作流所包含的工作状态，并设定每个工作状态下的访问权。

2.3.3　开展 BIM 协同设计

根据设定好的工作流程，依次开展地形建模、地质建模、线路设计和工点设计，当互提资料和工点设计过程中工作状态发生变化时，通过消息管理器通知相关专业开展下一步工作直至设计完成。基于 PW 的多专业协同设计如图 9 所示。

图 9　基本 PW 的协同设计平台

2.4　三维地形研究

2.4.1　地理信息模型创建

地理信息模型创建需要经历数据获取、数据加工和模型合成三个步骤。当前期方案研究阶段对地形精度要求不高时，可通过 BIGEMAP 直接获取谷歌地球已有的 DEM 和 DOM 数据生成地形模型。进入设计阶段对地形模型精度要求较高时，通过卫星遥感和航空摄影的手段获取更为精确的地形和影像数据，利用 DEM 和 DOM 在 PowerCivil 中创建地形模型。

2.4.2　利用地形模型实现洞口边仰坡开挖

隧道洞口场地开挖不同于路基边坡开挖，其洞口坡面由两侧边坡和拱顶仰坡组成。在三维设计中，当边、仰坡采用不同的坡率并且分台阶开挖时，对地形曲面的处理是一个难点。研究发现，利用 Geopak site 强大的场地设计功能，能够较好地解决隧道洞口刷坡问题，使边坡和仰坡自然过渡。

2.5　地质模型研究

2.5.1　创建地质模型

地质 BIM 建模一直以来是铁路 BIM 技术应用的重难点问题，由于地质建模数据来源多样，建模精度、范围和深度要求不同，特殊地质体（如断层、褶皱、溶洞等）空间信息不规则，难以采用常规方法表现。根据铁路的工程特点，对基础 BIM 平台进行深度二次开发，形成铁路地质三维信息系统，能够辅助地质工程师方便地创建出三维地质模型，满足工程设计需要。创建的三维地质模型见图 10。

图 10　三维地质模型

2.5.2　对地质模型的应用

经过二次开发，能够使后续专业直接在地质模型上进行设计。实现了隧道专业对地质模型的开挖及洞口刷坡设计。

2.5.3　隧道与地质叠加 BIM 漫游

在项目应用中发现，由于 Mesh 网格的几何特性，在相互进行布尔运算时偶尔会出现剪切异常的情况。

2.6　铁路 BIM 标准研究应用

BIM 标准是保证 BIM 在工程全生命周期内信息有效传递的前提，在 BIM 设计过程中应重视对 BIM 标准的执行。目前中国铁路 BIM 联盟已经发布了《铁路实体结构分解指南》（EBS）、《铁路工程信息模型分类与编码标准》（IFD）和《铁路工程信息模型数据存储标准》（IFC）的 1.0 版本，但目前仍处于验证和完善时期，本项目对铁路 BIM 标准进行了初步应用。

（1）《铁路实体结构分解指南》的应用。在进行 BIM 设计之前，针对当前设计阶段所需表达的设计意图分解工程构件，选用不同精细程度的模型开展 BIM 设计。

（2）《铁路工程信息模型分类与编码标准》的应用。根据工程算量和模型管理需要，直接采用《铁路工程信息模型分类与编码标准》中的编码或通过组合的方式为 BIM 构件赋予唯一的身份标识码。编码以非几何信息的方式添加到对应的模型中。

（3）《铁路工程信息模型数据存储标准》的应用。铁路 IFC 是在国际 BuildingSmart

组织发布的工业基础分类的基础上，扩展了铁路特有的专业领域类，并定义了相应的属性集。在 Bentley ClassEditor 中编写铁路各专业领域特有的类和对应的属性集。在创建 BIM 构件时采用 CivilStationDesign 将类与对应构件进行绑定，实现模型、类和属性信息的统一。

（4）为实现项目参建各方 BIM 信息无损传递和数据共享，中国铁路 BIM 联盟发布了《铁路工程信息模型数据存储标准》。在本项目中对该标准进行了初步应用研究。在 Bentley ClassEditor 中创建铁路各专业领域的基础类和对应的属性集。

（5）在 BIM 建模时采用 CivilStationDesign 将类特性与对应构件进行绑定，实现了模型、类和属性信息的统一，将有利于不同建设阶段各方对模型信息的读取和维护。

3　效益预测及前景展望

本项目桥隧长度占线路比例高达 90% 以上，在桥隧工程设计中实现了 BIM 的正向设计，意义重大，可以推动整条线所有工程项目在全生命周期内实现数据传递交换、存储、交付、实施、管理等信息的共享。通过改变设计理念、设计方法和管理流程，加大 BIM 基础平台的二次开发，将 BIM、物联网、云计算等为代表的新一代信息技术与传统行业的不断融合，形成智慧铁路 BIM 技术应用标准体系，实现桥隧智慧设计。

本项目的研究成果、总结的经验，为下阶段桥隧 BIM 工作奠定了坚实的基础，为后续桥隧 BIM 设计工作向智能化、节能高效化发展做好了准备，必将促进铁路 BIM 技术的进步、发展。

4　结　　语

（1）基于 BIM 技术的设计理念将对传统设计方法和管理流程产生重大的变化。现行的设计方法和审核流程应根据 BIM 的特点进行相应的调整。

（2）随着现代铁路建设标准的逐步提高，桥隧比例越来越高。功能简单的基础 BIM 已经不能满足生产业务的需要，后期应大力开展基础平台上的专业 BIM 设计二次开发工作。

（3）与其他 BIM 软件平台相比，奔特利软件对铁路各专业具有更好的适应性。其相同的文件数据格式更有利于专业间的协同设计与资源共享。

（4）设计 BIM 向施工 BIM 转换的研究将是下一步工作重点，以确保铁路工程设计 BIM 能够有效地过渡到施工阶段，在施工过程中发挥其应有的价值。

（5）铁路施工阶段 BIM 实施缺乏相应的文件指导，需进一步完善施工 BIM 标准。

西安北至机场城际轨道项目艺术中心车辆段与综合基地项目BIM技术应用

1 工程概况

1.1 项目简介

艺术中心车辆段段址北侧紧邻空港新城规划新城南大道，旅游路以北，南侧为既有岩村一组地块，西侧紧邻既有Y008乡道。艺术中心车辆段包含车辆运用检修、综合维修、物资库等设施，围墙内面积25.3hm²，段内共18个单体工程、室外道路管网、站场工程以及出入段线部分路基工程，总房屋建筑面积约7.4万m²（含控制中心）。控制中心位于机场线尚稷路站东侧地块内，与机场线指挥中心共用一处地块，地块占地2.7万m²（约40亩）。控制中心设控制中心综合楼1处，工程主要涵盖控制中心综合楼生产办公房屋及辅助生产房屋等的土建、机电系统安装相关工程等，工程造价约15.3亿元。项目BIM如图1所示。

图1 项目BIM

1.2 工程特点和难点

本项目含有深基坑，安全隐患多，垂直运输难度大，所含专业多，空间结构复杂多变，工期紧，交叉组织施工要求高，框架结构质量控制难度大。

2 BIM 组织与应用环境

2.1 BIM 应用目标

BIM 技术在本项目的应用主要包含:基于 BIM 云平台的管理,运用 BIM 技术对施工技术优化,应用 BIM 技术解决传统技术无法解决的施工技术难题,开展"BIM+"相关研究课题创新施工技术,扩展 BIM 技术应用领域,以使 BIM 技术提高施工技术水平,增强项目施工盈利能力。

2.2 实施方案

在本项目实施开始前,先行制定了完整的 BIM 实施方案,同时公司 BIM 中心制订了 BIM 技术应用指南;本项目的 BIM 主要应用于工程信息化管理、工程数据的计算分析、方案可视化模拟优化以及"BIM+"的应用研究等。

2.3 团队组织

为了更好地发挥 BIM 在施工中的作用,项目组建了 8 人的 BIM 团队,BIM 团队分为四个工作小组,分别是:BIM 土建小组、BIM 安装小组、BIM 科研小组、BIM 应用小组。各小组各尽其责,互相协同。

2.4 软、硬件环境

为了保障本项目的 BIM 技术应用卓有成效,项目不仅购置了 BIM 云平台及各专业软件,同时配备了 VR、无人机、测量机器人等设备(图 2)。

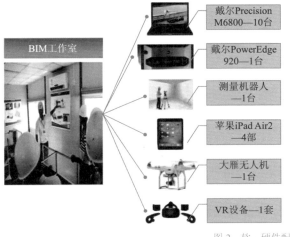

软件	应用
revit	土建、安装建模
Fuzor	可视化模拟
NavisWorks	碰撞检查、施工进度模拟
Civil3D	道路、地形建模
Lumion	景观布置
Sketech up	场布设计
Google earth	地理信息获取、周边环境分析
Luban	工程数据分析、BIM 云平台管理
3Dmax	施工动画制作
Tekla	钢构建模
Bentley	实景建模、土方测算

图 2 软、硬件配置

3 BIM 应 用

3.1 基于 BIM 的协同管理

基于 BIM 云形成的协同平台，使项目各参与人员通过 PC 端或手机端随时随地进行沟通交流，并依托 BIM 模型快速准确获知工程信息，打破了项目相关的人、信息、流程等之间的各种壁垒和边界，使施工信息的查询、获取、交流、协调更加便捷，实现了工程项目管理由传统的点对点的沟通交流方式到多方随时随地沟通交流的云协同，提高项目管理效率。

使用手机终端登录平台系统，可随时随地查看协作通知、资料内容，又可反查关联模型、照片信息、工程动态消息等，极大地方便了项目协作管理，同时也形成了从发现问题、到问题追踪、至整改落实的闭合管理流程。BIM 手机端协同管理界面如图 3 所示。

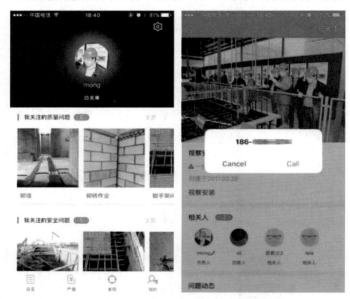

图 3 BIM 手机端协同管理界面

3.2 基于 BIM 工程数据计算

（1）根据施工进度需要，通过 BIM 三维模型自动按施工段或构件类型统计工程量，生成物资材料计划单，提高物资计划准确性，减少物资材料浪费。

（2）通过 BIM 模型快速计算工程量，形成准确的工程量清单（图4），并套用相应的定额，对分部分项工程进行成本预算分析，辅助施工过程中成本控制，提高企业盈利能力。

图 4 基于 BIM 的工程量清单

3.3 BIM—工程运维

BIM—工程运维不仅可以使建筑生命周期得到保障和延续，同时也提高了施工企业的服务质量。

（1）本工程利用 BIM 技术在安装设备、建筑生命周期内需更换的部件、建筑后续改造过程中可能移动或拆除的结构等均粘贴了含有运维信息的二维码，以便后续运维（图 5）。

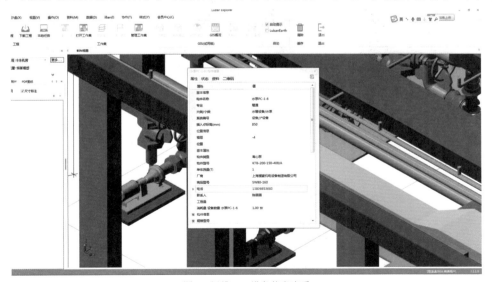

图 5 运维——设备信息查看

（2）本工程在建造过程中对需要定时更换、维修检查的构件或设备在 BIM 云平台上设置运维任务提醒（图 6），保证运维的及时性。

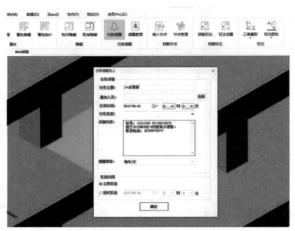

图 6　运维任务提醒

（3）与项目实际位置对应，在 BIM 云平台中插入虚拟监控探头，并与项目现场监控设置连接，管理人员登录 BIM 云平台，即可对项目进行实时监控，有效提高了对项目的监控管理，如图 7 所示。

图 7　BIM+ 视频监控

3.4　BIM+ 测量机器人

（1）为了提高施工效率、促进生产，基于 BIM 技术，本工程使用 BIM+ 测量机器人（图 8）；将比对审核过的 BIM 模型通过插件导入 BIM 放样机器人，在施工现场进行测量放样；同时用 BIM 放样机器人现场采集相关测量数据，导入 BIM 模型中，对 BIM 模型进行复核、校对，提高交付模型的准确性。

（2）BIM+ 测量机器人的使用实现了三维立体可视化放样，同时经过研究和优化实现了高层建筑高程传递，省去了坐标点人工输入、棱镜跑点等操作，大大提高测量效率和测量准确性。

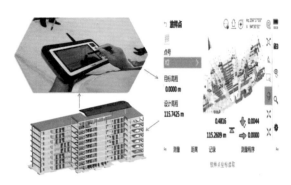

图 8　BIM+ 测量机器人

4　应用效果

本项目通过对 BIM 技术的深度应用，极大地促进了项目信息化管理能力，提高了施工技术水平，解决了一系列技术问题，共解决图纸问题 305 个，节省施工材料（混凝土、钢筋、模板）总价 321.651 万元，节约工程 37 天。本项目的 BIM 技术应用得到了业主及设计各方的青睐和好评。

5　总　　结

5.1　创新点

本项目 BIM 技术应用创新主要有：

（1）基于 BIM 施工管理实现了平台化，数据与模型融合，管理数据实时获取，快速分析等。

（2）BIM 运维系统通过开发与视频监控对接，将现场情况实时传回 BIM 平台。

（3）BIM+ 测量机器人的应用和深入研究改善，实现了可视化立体测量，超高层高程快速传递。

5.2　经验教训

本工程在 BIM 技术方面的应用取得了阶段性的突破，不仅在科研创新方面取得多项应用成果，而且在 BIM 技术推广普及、基础成果建设方面也得到全面推进，为 BIM 技术可持续发展和深化应用奠定了基础。但 BIM 技术在实施过程中还存在一些不足需继续完善，如：BIM 人员管理制度不够健全，模型颗粒度不达标。因此本项目将继续完善管理制度，统一 BIM 模型颗粒度。

BIM技术在高海拔复杂地质铁路隧道的应用

随着信息化在各个行业中的不断发展和普及，建筑行业的信息化进程也迎来了自己的发展黄金期。BIM 技术已经在房建、桥梁、隧道、地铁以及部分市政工程等领域有了不少的应用实例，并发挥了一定的优势。然而 BIM 技术在铁路隧道的应用还比较少，甚至现有的 BIM 标准体系里面并无针对铁路的 BIM 标准。

为了研究 BIM 技术在铁路隧道施工过程中的实际应用效果，现以奔中山二号隧道为研究对象，将 BIM 技术与现有施工模式相结合，并对其进行拓展，发掘其应用价值。

1　工　程　概　况

1.1　项目简介

奔中山二号隧道属于新建铁路川藏线拉萨至林芝段 LLZQ-10 标段中重点控制性工程之一。本隧道旅客列车设计行车速度 160km/h，客货共线（开行普通货物列车）。

隧道起讫里程为 DK336+985 ～ DK345+784，隧道全长 8799m。隧道位于西藏自治区林芝县米林县卧龙镇，地处青藏高原东南部念青唐古拉山与喜马拉雅山之间的藏南谷地，海拔约 3100m，山高谷深，处于高寒缺氧的恶劣环境中。隧道最大埋深 1200m。图 1 为该隧道平面示意图。

图 1　隧道平面示意图

1.2　技术应用背景

本隧道工程所处地理位置为高原，地理环境复杂，作业面多、线路长，工艺繁杂，质量控制严格，施工工期紧，施工风险较大。为此，项目引入 BIM 技术，研究 BIM 技术在铁路隧道施工过程中的应用，并对其进行拓展，发掘应用价值。

1.2.1 工程特点

（1）环境复杂，作业面多、线路长。

奔中山二号隧道地处青藏高原东南部，位于念青唐古拉山与喜马拉雅山之间的藏南谷地，山高谷深，自然环境恶劣；隧道施工分为进口工区、出口工区和斜井工区，隧道正线全长 8799m，斜井长 1662m。

（2）工艺繁杂，质量控制严格。

隧道衬砌类型较多，设计施工方法较多，并且车站深入隧道进口/出口内，质量要求较高。

（3）施工工期紧，风险较大。

该隧道的施工进度是拉林段线路能否顺利开通的关键，施工采用新奥法，危险源较多。

1.2.2 BIM 技术应用背景

（1）开展技术应用研究。

BIM 技术在铁路隧道施工中的应用案例较少，并且大多都在基本应用层面。本工程通过开展基于施工的 BIM 技术应用研究，拓展 BIM 技术在隧道施工中的应用深度。

（2）提高技术管理水平。

在隧道施工中，应用 BIM 技术的三维可视化技术，针对复杂节点进行三维技术交底，提高技术实施水平。

（3）施工工期紧，提高施工组织能力。

在施工工期紧张的情况下，引入 BIM 技术解决施工线路长、作业面分散、进度管理困难等一系列影响施工进度问题。

（4）提高施工管理信息化能力，简化施工现场管理；开展基于 BIM 技术的开发研究。

2 技术应用环境与流程

2.1 技术应用环境

技术应用环境是保障 BIM 技术在项目顺利实施的基础，通过网络、软件、硬件环境的搭建配合，可以有效地实现 BIM 技术成果应用于现场施工与项目协同管理。

在奔中山二号隧道工程 BIM 技术应用过程中，项目根据实际需要，通过协同分析的引入应用、BIM+ 技术的深入开展以及对 BIM 技术的技术研发，在项目实施过程中，实现了 BIM 技术对项目的系统化管理和协调（图 2、图 3）。

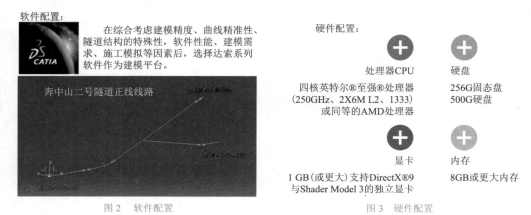

软件配置：
在综合考虑建模精度、曲线精准性、隧道结构的特殊性、软件性能、建模需求、施工模拟等因素后，选择达索系列软件作为建模平台。

奔中山二号隧道正线线路

硬件配置：

处理器CPU
四核英特尔®至强®处理器
（250GHz、2X6M L2、1333）
或同等的AMD处理器

硬盘
256G固态盘
500G硬盘

显卡
1 GB（或更大）支持DirectX®9
与Shader Model 3的独立显卡

内存
8GB或更大内存

图 2　软件配置　　　　　　　　　　　　　　图 3　硬件配置

2.2　BIM 技术实施流程

施工阶段 BIM 实施需在传统施工流程基础上进行 BIM 施工流程再造，建立基于 BIM 的协作化实施模式，使施工过程运转流畅，从而提高施工效率和水平，保障工程质量。施工阶段 BIM 实施流程主要包括组织策划、施工模型创建及变更深化、施工过程模拟优化、碰撞检测及冲突分析、现场施工应用、施工管理、控制决策及业务管理、信息附加、成果交付、应用总结等步骤（图 4）。

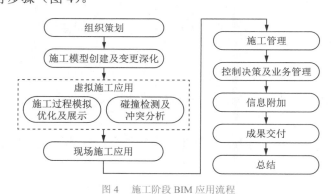

图 4　施工阶段 BIM 应用流程

3　BIM 技术应用

3.1　地形地质建模

CATIA 建模软件可通过 CAD 等高线图建立与当前工程地理位置相符的三维地质模型，该模型基于等高线的位置和高程数据精度，展现了当前工程所处的地理位置。同时，建立的三维地质模型应能满足后期 BIM 应用的需要，如地质开挖面的求取、地质开挖体的切割、填挖方的计算、地质纵横断面的剖切等，已较好地配合后期 BIM 应用。

（1）建模难点：AutoCAD 信息数据与 CATIA 的数据交换。

（2）解决方案：针对 CATIA 开发了接口，研发了一款数据转化插件，实现了 AutoCAD 与 CATIA 的数据交换。

（3）模型意义：填挖方的计算、地质纵横断面的剖切。

地形建模流程如图 5 所示，地形 BIM 模型如图 6 所示。

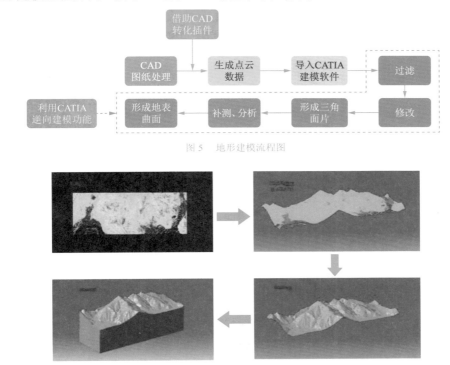

图 5   地形建模流程图

图 6   地形 BIM 模型图

3.2   总体设计

3.2.1   隧道整体定位原则

奔中山二号隧道 BIM 模型采用 1:1000 的设计尺寸和坐标，以此确定模型建模基点，确保模型尺寸、位置信息与施工现场数据的精确衔接。

3.2.2   隧道正线线路的创建

设计隧道正线线路控制信息空间：平、纵、横控制点。

依据 CATIA 软件自身拥有的绘图功能以及函数嵌块，无论是圆曲线或是缓和曲线，我们均可以按照设计的曲线方程来对线路进行搭建。例如奔中山二号隧道进口端

938.084m 位于直线上，洞身 1192.896m 位于 R=2000m 的左偏曲线上，洞身 6067.443m 位于直线上，洞身 356.698m 位于 R=4500m 的右偏曲线上，出口端 243.879m 位于直线上。我们根据设计给出的缓和曲线方程和曲线要素，建立出隧道正线线路如图 7 ～图 9 所示。

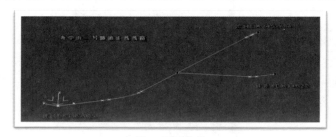

图 7　隧道路线

图 8　缓和曲线的建立

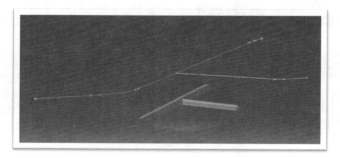

图 9　隧道正线线路与模型

3.3　建模流程及规则

根据 CATIA 软件自身的特点，隧道模型的建立流程为：建模坐标的选定→建模单位的统一→数据命名规则定义→数据结构划分→正线线路搭建→参数化、函数化、模块化设计。结合隧道工程自身的特点，建模具体实施过程如下。

3.3.1　建模坐标的选定

采用右手笛卡尔坐标系。在奔中山二号隧道建模前，将隧道进口起点与轨面顶面交点定义为坐标原点，进口直线段前进方向为 X 轴，洞口横向为 Y 轴，竖向为 Z 轴。

3.3.2 建模单位

由于该隧道长度较大，为了确保模型精度，将模型比例定为 1 : 1000，单位为 mm。

3.3.3 数据命名规则定义

在 CATIA 中我们可以严格定义数据命名规则，一方面有利于数据的管理、查询；另一方面能够杜绝构件编号重复的情况发生。隧道模型结构树命名基本规则如图 10 所示。

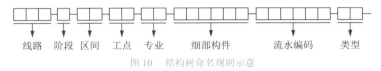

图 10　结构树命名规则示意

实际中的命名可以稍作简化，具体方法可参考图 11 示例。

3.3.4 数据结构划分

隧道工程相比其他工程，结构划分比较清晰明确，不同断面的结构基本上一致，为了便于对模型的管理，在模型建立时将初支、二衬、钢筋等模型分开存放，这样不仅让结构树看起来规整，而且便于查找和修改模型（图 12）。

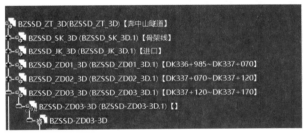

图 11　结构树命名规则示例

图 12　数据结构划分示例

3.4　高效、快速建模

（1）建模原则：具有类似的结构特点，或者一些标准、通用构件，将这些构件提前嵌入零部件中，然后通过提取这些知识，并在模型内部进行配置，从而实现知识的重用，提高设计效率。

（2）建模难点：超级副本、用户特征、文档模板的运用，VB 语言的编写。

（3）解决方案：一方面尽可能选择相对简单的模板作为知识重用对象，另一方面利用已掌握的知识工程阵列语言程序做简单修改（图 13、图 14）。

（4）模型意义：借助此方法，可以大大缩短建模时间，保证建模精度、提高建模效率。

隧道模型的建立总体是按照以上的流程来进行的，在建模的过程中应以设计数据为准，并在模型创建过程中对设计数据进行反验证。

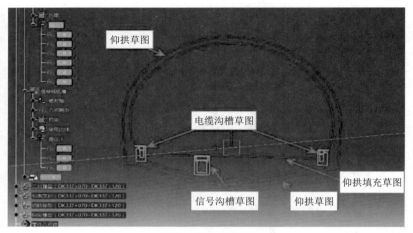

图 13 断面草图创建

图 14 知识工程阵列快速建模

3.5 审图

图纸会审是施工准备阶段技术管理工作的主要内容之一。基于 BIM 技术的图纸会审有着其独特且明显的优势，能够发现传统 CAD 二维图纸会审所难以发现的许多问题。传统的图纸会审都是在二维图纸或二维电子版图纸中进行图纸审查的，一定程度上难以发现空间位置上的问题。基于 BIM 技术的图纸会审是在 BIM 三维模型中进行的，各分部分项工程构件之间的空间位置关系一目了然，通过 BIM 建模软件的碰撞检查功能进行碰撞检查，可以较快速地得到各构件之间出现碰撞的部位，从而协助技术人员发现图纸不合理的地方。

（1）奔中山二号隧道双线车站双耳墙抗震明洞衬砌断面，DK345+768~784，钢筋 N2

在拱墙下部有露筋情况，设计数据稍有偏差，如图 15 所示。

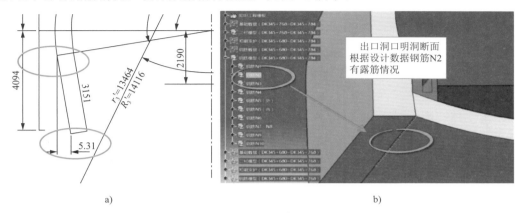

图 15　N2 露筋

（2）拉林施隧 -37-II-18 钢筋 N1 断面图和剖面图尺寸标注不一致，绑扎钢筋时需要核对清楚，如图 16 所示。

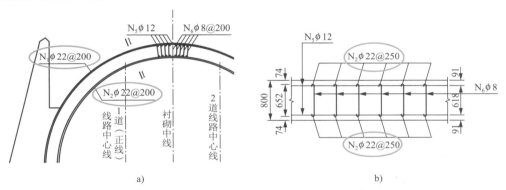

图 16　图纸尺寸标注不一致

（3）拉林施隧 -37-II-16 钢筋 N5 断面图和大样图钢筋型号标注不一致，下料前需要核对清楚，如图 17 所示。

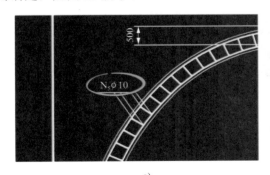
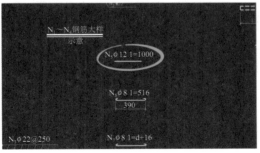

图 17　钢筋型号标注不一致

3.6   碰撞检查

基于 BIM 技术的碰撞检查，可以在项目施工前快速找到图纸设计不当及错误的地方，可以避免在施工过程中的返工和怠工，有效加快项目进度，减少材料浪费，节约业主方和施工方的建造成本。

隧道主体结构模型碰撞较少，部分钢架与主体结构有较小碰撞。

考虑到一些实际情况，如上述的情况描述，在实际施工过程中，会做变通处理，无须变更设计，不会产生真正的碰撞。

碰撞点示例如图 18、图 19 所示。

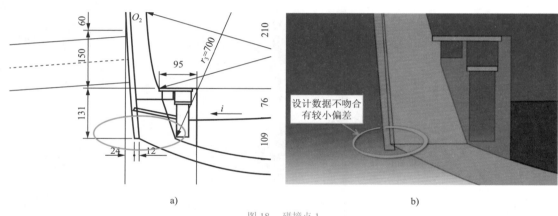

a)   b)

图 18   碰撞点 1

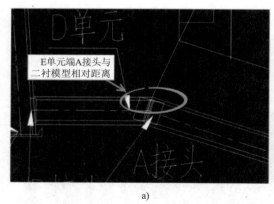
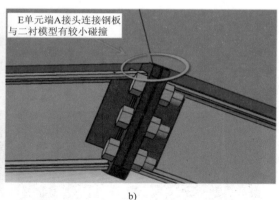

a)   b)

图 19   碰撞点 2

3.7   三维技术交底

BIM 模型的立体化和精准性等特点，使得其具有替代真实构筑物的功效。因此，我们可借助 BIM 模型加强对图纸的认识，对结构复杂部位及节点进行准确识别。

在施工前，集中相关专业施工人员，采用将 BIM 三维模型投放于大屏幕的方式进行技术交底工作。BIM 三维模型可以可视化预演施工中的重点、难点和工艺复杂的施工区域，多角度、全方位地查看模型，让施工人员更加直观地理解设计意图，这样做，不仅能减少施工中因图纸理解错误导致的返工现象，还能提高交底工作的效率，加快施工进度，还有利于工人和非本专业人员理解相关的工作内容。

（1）拉林施隧 -38-II-02，钢筋三维视图，通过三维图可以准确明确钢筋的绑扎部位，并能有效避免错误使用钢筋型号，如图 20 所示。

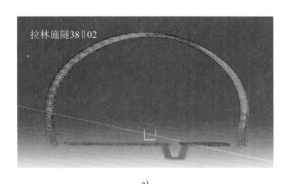

a)

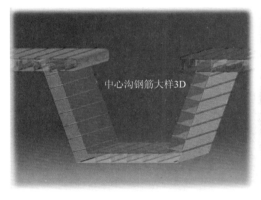

b)

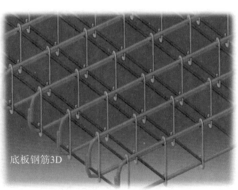

c)

图 20　拉林施隧 -38-II-02 钢筋三维视图

（2）22b 型工字钢钢架（拉林施隧附 08-38），通过型钢钢架 BIM 模型，可以给出各单元的尺寸，方便下料，同时还可统计各个构件数量，方便型钢钢架批量加工，如图 21 所示。

（3）BIM 技术可视化提供给我们结构交汇处的三维视角，可帮助技术人员识图，如图 22 所示。

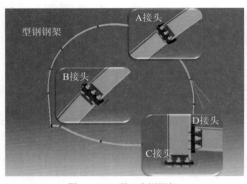

图 21　22b 型工字钢钢架　　　　　图 22　斜井与正洞交汇处三维视图

3.8　基于 BIM 的三维算量

工程量计算和统计是项目施工技术管理工作中工作量最大、内容最繁多的一项工作，贯穿估算、概算、预算、结算等重要环节，对工程造价管理起着至关重要的作用。

以往工程量的计算和统计通常是由工程技术人员按照施工图纸所提供的量做二次统计以及通过施工图纸进行手工计算。由于施工现场技术人员个人计算能力以及对图纸理解深度的不同，往往计算和统计出来的工程量有较大差别甚至出现计算错误，对项目工程计价管理造成一定的影响。为了解决该问题，我们提出了基于 BIM 的三维算量。

基于 BIM 的三维算量就是利用深化后精确的三维模型，直接点击目标构件得到工程量信息。BIM 建模软件提供准确的构件体积量，方便工程技术人员在浇筑混凝土时提前预报混凝土方量，如图 23、图 24 所示。同时，我们也可以将 BIM 模型提取的工程量经核对后用于收方计价。

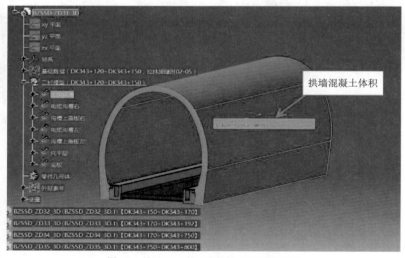

图 23　基于 BIM 的三维算量（拱墙工程量）

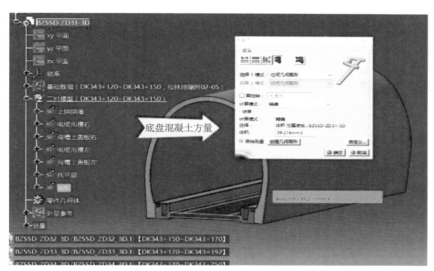

图 24 基于 BIM 的三维算量（底板）

通过 BIM 软件我们可以得到初始的构件体积，相当于构件的混凝土量，这种办法有利于我们对工程量进行预算和预报。图 24 中绿色矩形框内的数字为所选构件的体积即混凝土体积。

3.9 模型整体漫游

BIM 模型是对工程结构的三维呈现，具有与实际结构相同的设计数据，通过模型漫游，帮助施工人员提前对新建项目进行整体感知，可以使施工人员对所建工程有一个直观的认识，如图 25 所示。

图 25 隧道模型漫游视频

3.10 模型虚拟建造

通过 BIM 技术，对结构较多、交叉作业较多的部位，采用虚拟建造来对施工过程做流程性的模拟并生成作业计划，为施工人员做好人员、材料、机械等计划提供参考，洞门虚拟建造如图 26 所示。

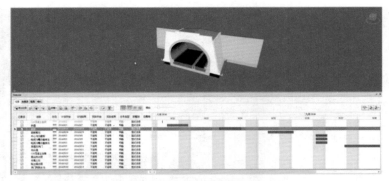

图 26　洞门虚拟建造

3.11　地形模型辅助临建选址

在勘察数据基础上，用 CATIA 软件建立出隧道所处地形模型以及项目部临建模型，并通过比选确定出项目部临建合适位置（图 27），有效地解决了项目部临建选址的问题。

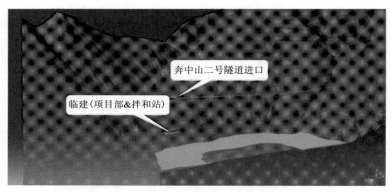

图 27　临建模型及位置

3.12　施工方案的优化仿真

首先，通过事先对现场施工进行模拟仿真，可以使项目管理人员在施工前就可以清楚下一步要施工的所有内容以及明白自己的工作职责，确保在施工过程中能够按照施工方案进行有组织的管理，了解现场的资源使用情况，把控现场的各个施工环节，也能够促进施工过程中的有效沟通，可以有效地评估施工方法、发现问题、解决问题，真正提高工程的管控能力，改变原来传统的施工组织模式、工作流程和施工计划。

其次，通过仿真技术可以使工程的安全、技术和施工生产管理人员清楚地了解每一步的施工流程，将整个过程分解为一步一步的施工活动，让他们在管理过程中思路清晰，并且能够发现问题、解决问题、模拟验证，做到在工程施工前绝大多数的施工风险和问题都能被识别，以便事前进行有效的控制和解决。

　　第三，施工过程的可视化，使 BIM 成为一个便于各方交流的沟通平台。通过这种可视化的模拟缩短了现场工作人员熟悉项目施工内容、方法的时间，减少了现场人员在工程施工初期犯错误的时间和成本。还可加快、加深对工程参与人员培训的速度及深度，真正做到质量、安全、进度、成本管理和控制的人人参与。

3.12.1　双侧壁导坑法施工模拟

双侧壁导坑法施工模型如图 28 所示。

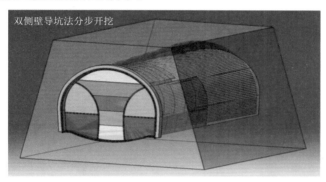

图 28　双侧壁导坑法施工模型

3.12.2　模板台车进洞筑造二衬模拟

模板台车进洞筑造二衬模拟如图 29 所示。

图 29　模板台车施工模拟

4　BIM 施工管理平台的应用

4.1　施工进度管理

BIM 模型通过轻量化后导入施工管理平台，将项目工程实际的施工计划与完成计划和模型相结合,实现施工进度的可视化管理。

(1)添加施工计划:施工计划添加如图 30 所示。

图 30　施工计划添加

(2)施工计划完成:施工进度确认如图 31 所示。

图 31　施工进度确认

(3)查看当前进度:形象进度展示如图 32 所示。

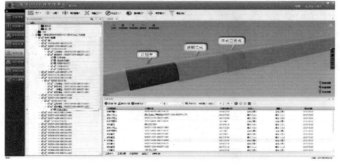

图 32　形象进度展示

4.2　质量安全管理

在 BIM 施工管理平台上,技术人员和管理人员可以对某部位或节点的施工质量和安全问题进行标记,并指令相应责任人对质量或安全问题进行处理,实现质量安全问题的有效追踪式管理（图 33）。

图 33   质量安全管理

4.3   资料归档

为方便技术人员查找和管理，施工方案和图纸变更等需要共享的资料，可以上传至
BIM 施工管理平台进行公示和管理，这样就为技术人员节约了大量时间。

（1）施工方案归档：方案归档界面如图 34 所示。

图 34   方案资料归档

（2）变更图纸共享：变更图纸共享界面如图 35 所示。

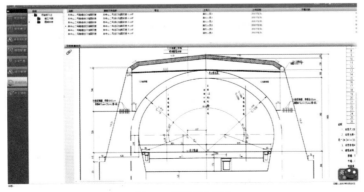

图 35   图纸变更共享

4.4　BIM 施工管理平台移动手机端

　　由于项目部驻地离现场距离较远，隧道线路长、施工面多，为了方便项目管理人员可随时掌握当前施工状态及完成情况，我们对 BIM 施工管理平台进行了拓展开发，实现了在手机端即可查看模型信息的功能，为管理人员提供了便利，如图 36 所示。

图 36　手机客户端平台

5　奔中山二号隧道 BIM 应用价值点总结

　　在本次奔中山二号隧道 BIM 应用研究中，我们发掘了多项 BIM 技术应用价值点，具体如下：

　　（1）协助图纸审核。BIM 模型建立的过程就是对设计图纸深入识别的过程，这个过程可以发现图纸中存在的错误。

　　（2）碰撞检查。通过隧道不同构件 BIM 的装配整合，可及时发现结构交叉碰撞部位，协助技术人员解决图纸问题。

　　（3）三维技术交底。利用 BIM 模型的三维可视化功能，可以将技术交底做成三维图纸，更加方便工程人员认识和理解。

　　（4）工程量提取。通过 BIM 模型，可以提取各个构件的体积，这个体积就等于构件的混凝土方量，方便了技术人员浇筑混凝土时对用量的预报。BIM 模型提取的工程量，经核对后，也可用于施工计价，同时解决了手工算量后没有人员复核的问题。

　　（5）模型整体漫游。通过 Naviswork 对完整模型进行外部和内部漫游，以确认现场施工情况与图纸及模型相一致，保证了结构的准确性。

　　（6）模型虚拟建造。通过 Naviswork 具备的功能，对计划施工部位进行工序性模拟建造，使施工人员对结构施工顺序有更深刻的认识和理解，也便于施工人员做好施工准备。

　　（7）辅助临建选址。通过创建的地形模型，结合施工作业区，可以合理地选择项目部驻地。

（8）施工工艺仿真。依托建立完成的 BIM 模型来对施工过程进行仿真，对施工方案和施工工艺进行动画模拟，真实展现施工过程，加深施工技术人员的认识和理解。

（9）4D 施工进度管理。通过 BIM 施工平台将现场进度情况与模型对应节段相结合，进行实时管理。

（10）质量安全管理。通过 BIM 施工管理平台，将现场质量及安全问题以照片的形式上传至平台，并指定责任人进行处理。

（11）资料归档管理。将需要共享的资料上传至 BIM 施工管理平台，供技术人员在任意时间进行查看下载。

（12）施工平台手机端。通过对 BIM 施工管理平台的延伸开发，将其从电脑端搬到手机端，更大程度地体现其便利性。

总之，BIM 技术作为一项极具推广价值的工程技术，在奔中山二号隧道的施工应用过程中，发掘了极具特点的且非常有价值的功能。随着 BIM 技术的不断推进和更新，在未来的建设项目中 BIM 将会发挥更加重要的作用。

BIM技术在铁路站改工程中的应用

随着社会的发展，在新中国成立初期至 20 世纪 90 年代修建的铁路已经不能满足运营的需求，铁路扩能改造工程已经在工程领域占据了一席地位。此类工程的共同点是既有线施工，安全风险大。其中站改工程是铁路扩能改造工程的重难点。建设单位、施工单位如何将站改工程合理、安全、高效地组织到位，更是铁路扩能改造工程的重中之重。

站改工程能否顺利、快捷地进行，站改方案的合理与否是关键。站改方案的合理性是建立在各专业施工内容融合的基础之上的，然而，站改工程涉及专业的多样性（土建、通信、信号、供电、接触网等）和专业的特殊性，致使建设单位和各施工单位无法准确地把握全部专业的特点和施工内容，导致在施工中存在盲目性。本项目借助 BIM 技术对以上问题进行探索和对站改方案进行优化方面，取得了较好的应用效果。

1 工程概况

1.1 项目简介

本项目位于阳安二线既有西乡车站（图 1），站改范围 K104+760 ～ K108+200，拆除道岔 14 组，拆铺道岔 2 组，新铺道岔 28 组，拆除既有站台和中间站台，缓建基本站台，改

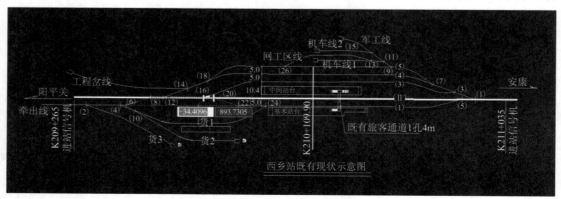

图 1 西乡站既有现状示意图

建两端咽喉区，改建之后西乡车站设到发线 8 条（含两条正线）；新建房屋结构：车站综合楼，车站单身宿舍、充气机房、整备房屋、货场货物仓库、货运营业楼、货场机械维修保养间、货场门卫等（图 2）。

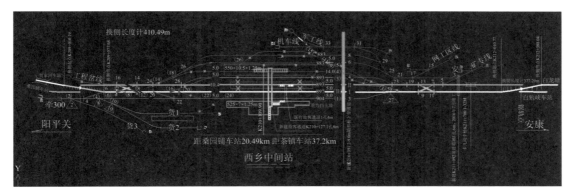

图 2　西乡站改造完成后示意图

1.2　技术应用背景

阳安铁路，西起宝成铁路的阳平关车站，经宁强、勉县、汉中、洋县、西乡、石泉、汉阴等县（市）境，东抵陕南重镇安康，与襄渝铁路接轨，全长 356.5km。是横贯陕南，连接宝成、襄渝两条铁路干线的联络线，是中国第二条电气化铁路。行车密度大，阳安二线施工距离既有线较近，为临近营业线施工，安全风险极大。本项目 BIM 技术所选取的车站为西乡车站，是本条线第一个开始站改的车站。为此，项目引入 BIM 开展技术支持，以提高施工组织能力和现场管理效率。

1.2.1　工程特点

（1）既有线施工，行车安全风险大。阳安二线施工为营业线施工和临近营业线施工，安全风险极大。

（2）管线复杂，管线安全压力大。由于阳安线为中国第一条一次性建成的电气化铁路，管线（信号、通信、供电、接触网）错综复杂，站改施工具有极大的安全隐患。

（3）专业繁杂，交叉施工作业多。站改工程牵涉专业多，土建、信号、供电、通信、接触网等专业施工均要在站改施工周期内全部实现，空间和时间交叉多，协调难度大。

（4）要点施工，对工序施工作业效率要求高。站改施工为既有线施工，既要保证既有铁路的正常运营，又要完成站改施工任务，这就要求施工必须在有限的时间内完成，不影响铁路运营的施工工序只能在铁路封锁点内进行。这就要求点内施工必须高效、快速、保质保量地完成。因此，对站改施工方案的要求极高。

1.2.2　BIM 技术应用背景

（1）开展技术应用研究。BIM 技术在铁路站改工程施工中尚无技术案例。本工程通过开展基于铁路站改工程 BIM 技术应用研究，将为 BIM 技术在铁路站改工程应用提供应用案例。

（2）建立 BIM 模型。建立西乡站站改项目 BIM 模型，主要包括土建模型与四电模型。土建模型包括排水沟、新增与改建线路；四电模型包括通信线、信号线、电力线、接触网，对管线敷设方案起到直观的指导与辅助作用。

（3）借用 BIM 的可视化优势优化方案。借助 BIM 可视化、可模拟性的优势，实现各种管线、管沟、水沟之间的碰撞检查，辅助施工单位对管线敷设方案进行优化，确保施工顺利进行。

2　技术应用环境与流程

2.1　技术应用环境

技术应用环境是保障 BIM 技术在项目顺利实施的基础，通过网络、软件、硬件环境的搭建配合，可以有效地实现 BIM 技术成果应用于现场施工与项目协同管理。

在阳安二线西乡站改 BIM 技术应用过程中，项目根据实际需要，配备了相应的软、硬件设备（图 3、图 4），实现了 BIM 技术对项目的系统化管理和协调。

软件配备情况

BIM 建模软件	BIM 应用系统
Autodesk revit 2016	Autodesk Navisworks
Autodesk 3ds Max	Fuzor2016
Dassault Catia	V5-6R2012
Dassault Delmia	V5-6R2012

图 3　软件配备

硬件配备情况

名称	型　号
处理器	第四代智能英特尔 ® 酷睿 i7-4810MQ 处理器
操作系统	Windows 10 专业版 64 位(简体中文)
显示器	15.6 英寸 UltraSharp FHD（1920×1080）宽视角防眩光 LED 背光显示器
内存	16GB（2×8GB）1600MHz DDR3L
硬盘	128G 固态盘
显卡	AMD FirePro M5100/NVIDIA Quadro K2100M

图 4　硬件配备

2.2　BIM 技术研究路线

本项目 BIM 技术研究路线如图 5 所示。

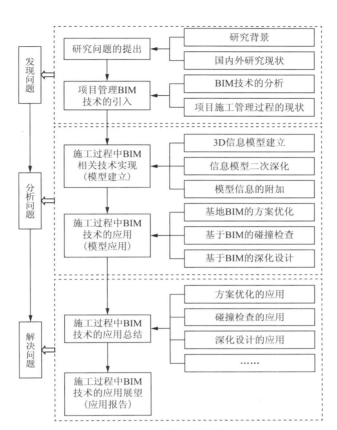

图 5　BIM 技术研究路线

3　BIM 技术应用

3.1　铁路站场三维模型的构建与实现

3.1.1　站场设备构件的创建

建立 BIM 模型的难点之一是创建站场中的异构族构件。不同于梁、柱、墙族等常规族类型，站场中涉及的轨枕、钢轨、信号机等构件由于结构形式复杂，无法直接运用软件自带族构件，需要运用族编辑器进行开发创建。创建的基本过程是：选择合适的族样板作为编辑模板→在族样板中绘制构件的外边界→添加控制参照平面和参照线→按照标准尺寸绘制构件的轮廓边界→与参照面和参照线建立控制约束参数→通过放样，融合，剪切等功能创建构件的空间构造。

轨枕族基本轮廓如图 6 所示。例如，轨枕、钢轨族的创建需要考虑结构形式的复杂，随着线路变化适应的需要，利用自适应族样板创建，创建时还应在族构件基线中添加适当的自适应点，使构件能适应形状的变化。轨枕族如图 7 所示。信号机、警冲标等设备具有曲面形式，运用体量族样板创建，反复运用融合和剪切功能修剪出设计要求的曲面形式。

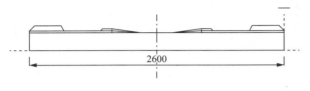

图 6　轨枕族基本轮廓（尺寸单位：mm）

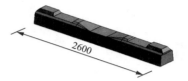

图 7　轨枕族（尺寸单位：mm）

3.1.2　站场 BIM 模型的建立

对于中间站的房屋建筑设施，可以直接运用软件实现，但对于轨枕、钢轨、信号机等异构族的连接和放置，则需要通过 Revit API 进行二次开发实现。通过分析族构件的加载原理，在 Revit 二次开发函数中查找到基于点和线的加载函数，利用遍历函数找到项目中已经加载的族构件，并且通过访问构件参数获取族构件的定位点或定位线，

信号机等设备可以通过计算模型中的三维坐标点及与相邻构件的约束进行加载与替换；轨枕、钢轨族构件的放置需要先绘制线路中心线，通过基于线的加载方式将族构件的自适应点附着到线路中心线上，使构件适应线路的变化，并且能通过调整加载长度和间距的参数，使轨枕和钢轨按设计要求的长度和间距加载，保证模型的真实性、准确性，最终形成中间站三维 BIM 模型如图 8 所示。

a)　　　　　　　　　　　　　　　　b)

图 8　西乡站 BIM 模型

3.1.3　参数信息的添加

对于站场中各个族构件信息的添加，可以分为族类型参数和共享参数。共享参数可以不受族类型的约束，通用与不同种类的族构件共享使用。创建族构件时根据功能需要添加共享参数，不仅可以约束族构件，同时也能够为后期的参数化控制和统计信息提供方便。创建共享参数和添加共享参数信息如图 9 所示。

图 9　添加共享参数信息

3.2　BIM 技术在铁路站改施工安全管理中的应用

3.2.1　BIM+VR 应用于施工安全培训

在铁路安全形势日益严峻的今天，保证既有线施工安全是站改施工的硬性指标，为促进站改项目安全快速的推进，现场管理人员、施工人员对既有线施工安全技术交底的认识和理解程度，决定了点内施工能否安全顺利正点地完成，对既有管线的掌控程度决定了车站的安全把控程度，针对点内施工，项目部采用 BIM 技术进行点内施工安全防护布置虚拟设置，实现安全防护的三维化，并对现场防护员、远端防护员、驻站联络员、施工负责

人进行定点、定向、定装备演示（图 10），保证了现场人员设置防护准确性，避免了封锁点施工行车安全事故的发生。既有线施工安全培训三维化，将传统的会议式培训，转变为通过VR 技术实景体验培训，加深被培训人员的培训认识，提高现场安全管理的管理水平，使培训、操作一体化。

图 10　防护员定点定装备演示

通过既有线安全培训管理平台的搭建来实现 VR 技术与 BIM 模型的结合，使培训人员接受虚拟直观的既有线安全防护知识的培训。

通过既有线安全培训管理平台虚拟操作功能模块的研发，使培训人员在既有线安全管理平台的虚拟场景中能对既有线施工安全防护体系设置进行虚拟操作（图 11）。

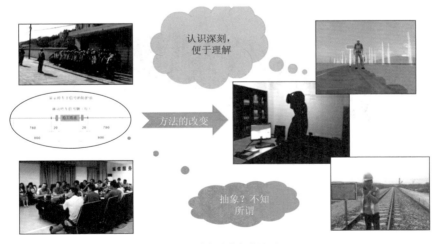

图 11　虚拟防护操作演示

3.2.2　管线安全

采用 BIM 技术还原西乡车站既有管线，并与新建结构和管线交互，提前规划管线迁改方案，保证了站改工作中管线的安全性（图 12、图 13）。

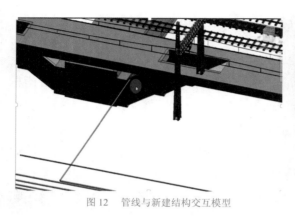
图 12　管线与新建结构交互模型

图 13　管线拟迁改后模型

3.3　施工方案管理

3.3.1　接触网钢柱组立

利用 BIM 技术的可视化特点，针对点内施工项目进行三维模拟演示，对于存在影响的既有线设备进行提前排干，既保证了施工安全，又提高了施工效率（图 14）。

图 14　接触网钢柱组立演示图

项目部借助 BIM 技术提前推演轨道起重机的停放位置，使吊装作业一次到位，大大减少了轨道起重机的移动时间，提高了工作效率，降低了安全风险。

3.3.2　接触网基坑支护方案可视化交底

利用 BIM 技术的可视化特点，通过对三维模型细节分析，加强既有线作业人员对安全的理解，对存在安全隐患、质量隐患的重点部位进行全尺寸三维展示。项目部利用 BIM 虚拟模型建立了接触网支柱基坑的可视化坑洞防护方案，并对方案进行三维可视交底（图 15、图 16），使三维模拟方案与受力检算相结合，确保坑洞在列车行驶中不会因为震动出现坍塌现象，杜绝安全质量事故的发生。

图 15　接触网基坑支护方案交底　　　　　　图 16　支护方案演示

3.4　图纸问题审核

3.4.1　图纸问题汇总

站改项目专业繁多，各专业设计相对独立，对各专业之间的交互问题考虑不足，项目部利用 BIM 技术将各专业图纸进行整合，由二维平面图纸转化为三维模型，使得图纸所有问题一览无余，并形成图纸问题汇总报告（图 17），将设计缺陷解决在施工之前，为项目推进提供技术保障。

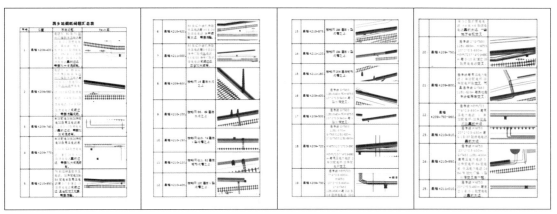

图 17　图纸问题汇总

利用 BIM 模型三维可视化优势，发现西乡站站改接触网平面图纸中显示接触网立柱位置与土建排水沟位置冲突共计 8 处，其意义在于提醒各专业在施工过程中引起注意，调整施工顺序或者预先考虑到位置冲突，提前规避返工情况的出现。

本项目建模过程中发现图纸问题 77 项，均得到设计单位及时回复。同时利用 BIM 技术可视化优势对各专业过轨距离较近的项目进行整合，建立了新的过轨方案并得到设计认可，降低了过轨次数，确保了铁路设备的安全，降低了施工成本，节约工期约 15d。

3.4.2　专业交叉问题汇总

由于站改工程多专业的特性，交叉施工是不可避免的。为使各专业施工在前期部署和施工计划安排上更加合理、更加科学，减少施工过程中出现的返工和不必要的浪费，通过 BIM 软件对各专业图纸进行整合，再结合 BIM 技术的可视化优势，使各专业对施工内容更加清晰，对不同专业之间存在交叉施工的部位和区域进行汇总（图 18），为站改工作的推进提供依据。

序号	存在问题	里程	BIM 模型	优化方式
3	主线槽 受电电缆(D6到D-2)与送电缆(X-2到货物线3终点)相互交叉	K209+486左右	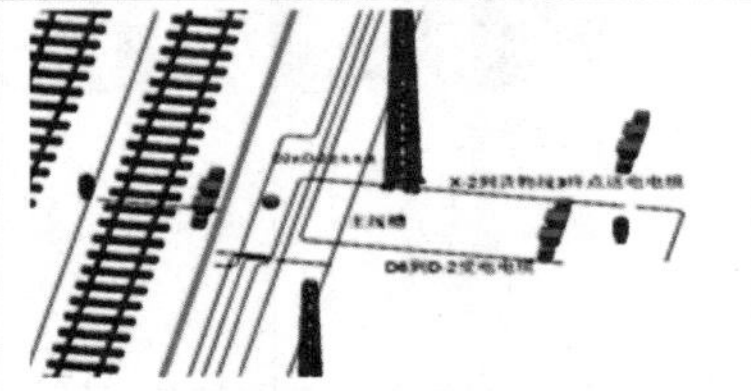	信号电缆与电力电缆应尽量避免交叉，无法避免时，须采用水泥槽进行物理隔离防护
4	低压电缆5： B2-T1投光灯、 D4到D-2受电电缆、 D2到D-2受电电缆、 D6到D-2受电电缆相互交叉	K209+535左右	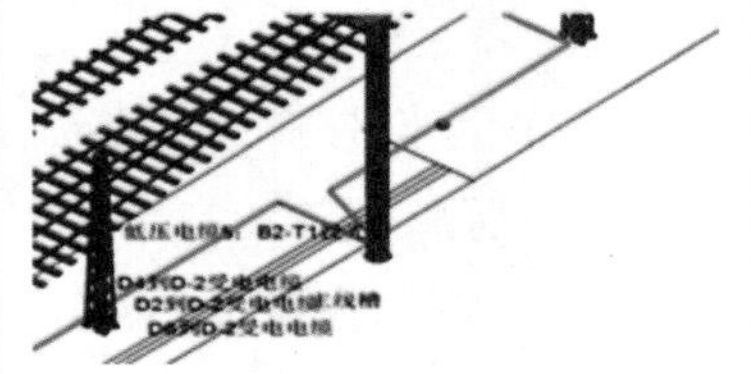	信号电缆与电力电缆应尽量避免交叉，无法避免时，须采用水泥槽进行物理隔离防护
5	通信光缆 (GYTA52 12B1-370m)、 (GYTA53 12B1-620m) 与水沟交叉	K209+560左右	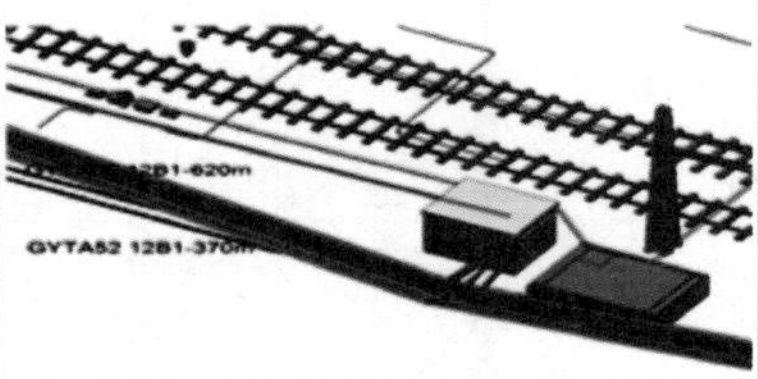	2根通信光缆在5T机房附近垂直跨越水沟并做相应防护(钢管防护)
6	低压电缆3(B5-红外机房)与水沟交叉	K209+625左右	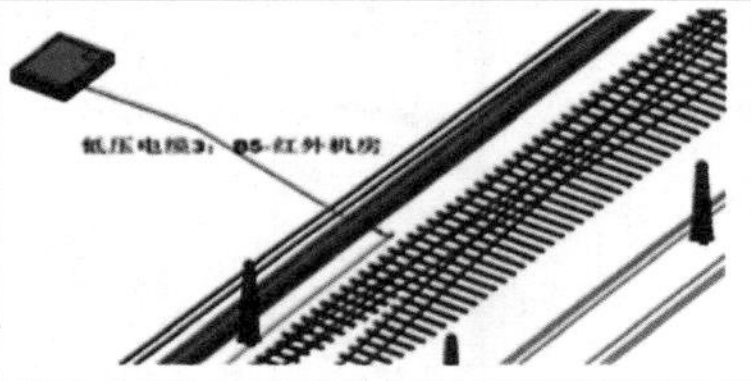	低压电缆在红外线机房附近垂直跨越水沟并做相应防护(钢管防护)

图 18　专业交叉问题汇总

利用 BIM 模型三维可视化优势，对四电（通信、信号、电力、电气化）各专业图纸进行整合，发现各种管线存在交叉部位共计 29 处，其目的是辅助各专业发现存在交叉部位，检查此部位管线交叉后对设备的影响情况，辅助施工单位对此部位管线敷设的施工工序进行优化，减少后专业施工对前专业施工造成返工等情况的出现。

3.5　管线优化

通过 BIM 技术对四电各专业图纸进行整合，并对 BIM 信息化模型进行分析，发现西乡车站站改工程水沟下穿股道 3 处，电力管线过轨 3 处，信号管线过轨 65 处，通信光缆过轨 5 处，共计 76 处。线缆过轨、过道的开挖，需要根据施工计划提请封锁点或者套用土建封锁点，不仅手续繁琐，协调难度大，还严重影响施工进度，为减少过轨、过道的数量，对过轨、过道进行整合和优化合并（图19、图20）。优化后，水沟下穿股道3处，电力管线过轨3处，信号管线过轨27处，通信光缆过轨2处，共计33处。

序　号	管 线 路 径	位　置
1	车站配电所——站房变电所	K209+722
2	车站配电所——站房变电所	
3	站房变电所——B4 变电台	K210+385
4	T6- 运转室	
5	B3- 红外线机房	K211 +060
6	B4- 红外线机房	

图 19　电力电缆过涵管线优化

序　号	管 线 路 径	位　置	优化方式
1	XB2 到 X-2 段送电电缆	K209+408 左右	合并为一个过轨过道（K209+408）
2	S 到 X-2 段送电电缆	K209+408 左右	
3	D4 到 12 段送电电缆	K209+486 左右	
4	24 到 D12 段送电电缆	K209+560 左右	合并为一个过轨过道（K209+570）
5	D8 到 D10 段受电电缆	K209+576 左右	
6	D10 到 X-4 段送电电缆	K209+588 左右	合并为一个过轨过道（K209+590）
7	24 到 D-4 段受电电缆	K209+592 左右	
8	D-8 到 24 段受电电缆	K209+676 左右	
9	D18 到 D20 段受电电缆	K209+690 左右	合并为一个过轨过道（K209+605）
10	D18 到 X-8 段送电电缆	K209+698 左右	
11	D-10 到道岔 24 段受电电缆	K209+698 左右	
12	D-10 到道岔 26 段受电电缆	K209+742 左右	合并为一个过轨过道（K209+695）
13	26 到 X-10 段受电电缆	K209+750 左右	
14	道岔 28 到 D-14 段受电电缆	K209+772	
15	X6 到 X8 段受电电缆	K209+800	合并为一个过轨过道（K209+800）
16	X6 到 D-14 段受电电缆	K209+800	
17	X6 到 S-4 段受电电缆	K209+800	
18	D-9 到主线槽段受电电缆	K209+841	
19	X4 到 S-4 段受电电缆	K209+841	合并为一个过轨过道（K209+841）
20	X6 到 X4 段受电电缆	K209+841	
21	X-12 到 XB1 段送电电缆	K209+841	
22	机待线到 X-13 段送电电缆	K210+195	
23	XB1 到 X-13 段送电电缆	K210+195	合并为一个过轨过道（K210+105）
24	X-13 到 D23 段送电电缆	K210+195	
25	XB1 到 X-13 段送电电缆	K210+311	合并为一个过轨过道（K210+320）
26	D25 到 D27 段受电电缆	K210+330	

图 20　信号电缆过轨管线优化

3.6 漫游

以往由于技术受限，站场施工和模型构建的主要表现方式一直是二维图纸。随着基于 BIM 可视化技术和虚拟仿真（VR）技术的出现，空间造型设计和施工方案规划等有了强有力的技术支持，应用也越来越广泛。西乡站站改项目空间造型复杂多样，施工难度大，如果只用二维图纸的方式来表现不够直观、清晰、读图难度大，而且对于之后施工方案的规划和选取也比较困难。而基于 BIM 可视化技术，借助于 Revit 建模和模拟软件的三维空间建模，所有的构件都是参数化的，从而构成了完整的三维模型。整个三维模型就是一个包含所有项目中需要数据的数据库，既可以提取或修改构件实体的几何参数和空间位置参数，也可以进行相关的工程量统计等。同时还可以在此基础上做三维虚拟漫游设置，可将整个项目完整地展示出来。

站场施工是复杂的动态系统，它通常包括多道工序，而其关系复杂，直接影响着项目施工的进程。模拟施工过程就是为了通过仿真手段，设计和制订施工方案，同时也可以发现实际施工中存在的问题或可能出现的问题，因此对实际施工进行仿真是非常必要的。而对实际施工仿真的基础就是建模，BIM 模型正是包含了几何模型信息、实体属性、工程信息等完整信息的三维实体模型，充分满足了三维造型展示和后期工程量统计等一系列的需求。

三维几何模型是 BIM 建模的基础，是贯穿于建筑生命周期的核心数据，包含了丰富的工程信息，通过建筑几何数据可以得出建筑物构件的体积、空间位置、拓扑关系等工程信息。西乡站站改项目站改体系复杂，施工难度很大，基于 BIM 可视化技术三维空间建模可以更好地进行设计和模拟。

基于 BIM 可视化技术在西乡站中的应用，从而达到正确选择合理、有效、安全方案的目的。利用 BIM 软件和 VR 眼镜在西乡车站模型中进行漫游（图 21），VR 虚拟现实展示与交互，使西乡站改项目建设管理者在施工前对建成的项目实现感官上的总体认识，为指导施工提供依据。

在站场施工领域，基于 BIM 可视化技术和 VR 技术的应用越来越广泛。VR 技术的重要作用就是将现实或方案设计模拟出来，可以更方便更形象地去感知和体会，对方案的理解和决策都发挥了重要的作用。在西乡站站改工程中就充分利用了虚拟仿真技术，形象直观地展示工程各阶段的情况，从而指导方案的设计。同时，虚拟仿真在车站施工过程中的风险控制方面也有着相当大的作用，而基于 BIM 技术构建的三维空间模型是虚拟仿真和风险控制的模型基础，渲染图片、漫游动画等虚拟仿真成果都是在此基础上完成和实现的。

BIM 可视化技术在西乡车站站改工程中发挥了非常重要的作用，通过基于 BIM 的车站三维实体建模，可以满足 BIM 几何数据针对建筑工程不同阶段的应用要求。在工程中，从复杂钢结构的三维建模，到施工方案的设计，以及虚拟仿真和风险控制等，都与基于 BIM 可视化技术有着直接的关系，从而提高了 BIM 模型数据的利用率和可重用性。

图 21　漫游

4　技术应用分析

在本项目中，通过应用 BIM 技术，共节约各项资金 130 万元左右，节约工期约 15 天，施工组织效率也明显得到了提高。

阳安二线西乡车站站改 BIM 应用作为铁路站改工程施工 BIM 技术应用的首例，以铁路施工安全防护管理，封锁点内施工管理为创新点，以图纸审核、三维技术交底、工程量管理、进度管理等为基础，实现了 BIM 技术在铁路施工管理中的较好应用。下一步我们在人才培养方面将侧重于在公司层面组建 BIM 中心机构，侧重于铁路 BIM 技术的人才培养，进一步在铁路既有线封锁施工安全管理与 BIM 和 VR 技术相结合方面，展开更深层次的应用。

BIM技术在哈牡客专高速铁路转体连续梁施工中的应用

21 世纪，全球数字化技术已经融入到了社会各行各业。随着现代化进程的不断加深，桥梁行业面临着诸多挑战，如生产效率不高、利润较低、工程返工现象频发、信息化程度低、桥梁结构及功能趋向复杂化等，而桥梁行业现有二维工作状态下的施工、管理理念已经不能更好地适应这种发展趋势与挑战。因此，BIM（Building Information Modeling，建筑信息模型）技术作为一个新兴事物，为桥梁行业的信息化技术变革提供了一个新的发展方向。

桥梁在铁路、公路、市政建设中占据着重要地位，以客运专线为例，桥梁长度多在 70% 以上，甚至更高。桥梁建设中应充分利用新兴的信息技术，以提高生产效率和经济效益。

1 工程概况

1.1 项目简介

新建铁路哈尔滨至牡丹江客运专线蚂蚁河 1 号特大桥转体连续梁项目由中铁一局集团第二工程有限公司承建。本项目是国内将 BIM 技术应用于现场全专业协同施工的高铁桥梁转体施工项目。蚂蚁河 1 号特大桥是哈牡客专重点工程之一，位于尚志市马延乡南侧，主跨为 45m+70m+45m 连续梁。该桥主要为跨越蚂蚁河、既有滨绥铁路、绥满公路（G301 国道）等而设。转体结构跨越既有铁路滨绥营业线并与绥满公路相交，上、下行里程分别为 BSK154+270.61、BSYK154+266.45，哈牡客专里程分别为 DK154+367.5、DK154+373.5，交角分别为 45°47′00″及 46°04′00″，如图 1 所示。

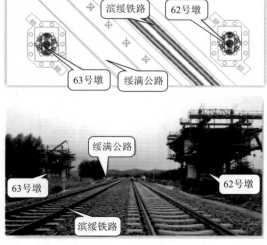

图 1 施工环境

1.2　技术应用背景

本工程具有如下特点：蚂蚁河 1 号特大桥转体连续梁桥跨越既有滨绥铁路营业线，与绥满公路相交，工程地质相对复杂，工期压力大，施工场地有限，施工安全质量要求高。基于上述特点，中铁一局集团第二工程有限公司决定与陕西铁路工程职业技术学院合作开展 BIM 技术应用工作，以提高施工组织能力，提高现场管理效率。

2　技术应用环境与流程

2.1　技术应用环境

技术应用环境是保障 BIM 技术在项目顺利实施的基础，通过网络、软件、硬件环境的搭建配合，可以有效地实现 BIM 技术成果应用于现场施工与项目协同管理。

在哈牡客专蚂蚁河 1 号特大桥转体连续梁工程 BIM 技术应用过程中，项目根据实际需要，通过协同分析的引入应用、BIM+ 技术的深入开展以及对 BIM 技术的研发，在项目实施过程中，实现了 BIM 技术对项目的系统化管理和协调。软、硬件环境如图 2、图 3 所示。

图 2　软件环境

2.2　BIM 技术实施流程

本工程采用"三级两层"的 BIM 应用管理构架（图 4）。"三级两层"管理分为公司级管理层和项目级应用层。各专业化公司根据各自特点实行 BIM 技术的差异化管理，项目部负责 BIM 技术的具体实施。

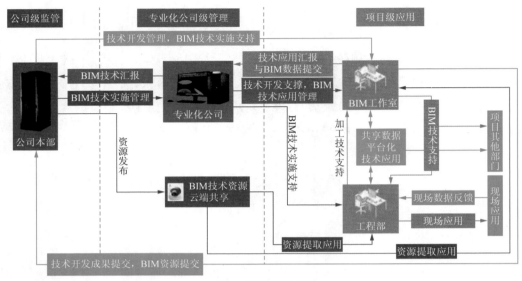

图 3 网络及硬件环境

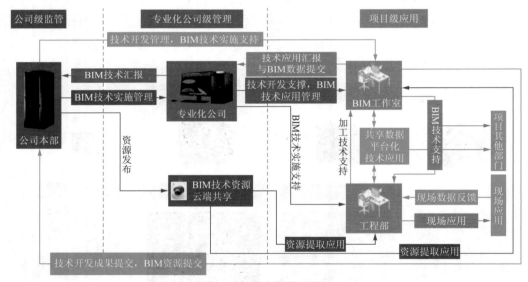

图 4 BIM 技术应用管理构架

3 BIM 技术应用

3.1 BIM 技术精细化建模发现图纸问题

本工程严格按照施工图（即哈牡桥通 - Ⅰ），使用 Revit 建筑样板和族文件组合，由专业团队准确、高效地建立哈牡客专蚂蚁河 1 号特大桥转体连续梁（转体前后）的基础 BIM

模型、承台 BIM 模型、转体系统结构 BIM 模型、墩身 BIM 模型、0 号块支架 BIM 模型、边跨现浇段支架 BIM 模型、挂篮 BIM 模型、连续梁钢筋和预应力管道 BIM 模型等，使施工监理、建设单位在内的各参建方更加直观地理解设计意图，做到准确细致地反映桥梁的混凝土结构、转体系统、预应力管道、钢筋等构造。模型如图 5~图 11 所示。

　　BIM 模型的建立赋予了所有模型构件信息，以便后期细化工程材料量，进行材料、质量、安全和资料管理。

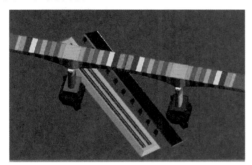

图 5　钢管立柱施工动画模拟图

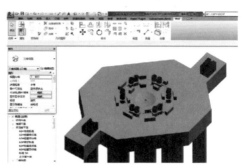

图 6　转体结构系统 BIM 模型

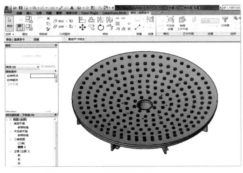

图 7　转体结构系统细部 BIM 模型

图 8　0 号块 BIM 模型

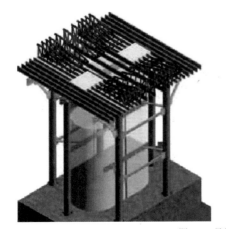

图 9　0 号块支架 BIM 模型

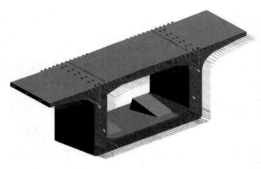

图 10　2 号块 BIM 模型

图 11　边跨支架图 BIM 模型

从图 5~ 图 11 中可以看出，用 Revit 建立的三维模型可以使参与项目的各方人员更直观、更全面地了解整个工程项目，并能够在项目施工前发现设计中的错误和缺陷，为图纸会审、设计交底等工作提供三维可视化的辅助，从源头上杜绝了返工等问题。

3.2　BIM 技术的碰撞检查降低返工浪费

在建模的过程中，严格按照施工图（即哈牡桥通 -Ⅰ）建模，做到准确细致地建立桥梁转体系统、预应力管道、钢筋等细部构造。模型可以准确地反映出箱梁内部预应力管道、钢筋、混凝土的数据信息。为了区分模型中不同位置和类型的钢筋，将每一根钢筋都进行注释，加入该种型号钢筋对应的根数、间距以及编号，将每一根钢筋模型构件均赋予信息，以便后期材料工程量的提取和材料管理。建模过程中严格控制预应力管道的位置与线形等细节问题。

将建好的模型导入 Navisworks 中进行碰撞检查，发现预应力管道与钢筋发生了碰撞，可导出碰撞检查报告。根据碰撞检查结果提出钢筋优化方案和钢筋绑扎顺序。最后施工人员可以利用碰撞优化后的三维模型方案，进行三维施工交底、动画施工模拟。项目所有的参与方能够协同工作，实现工程项目的精细化管理，信息共享。预应力管道与钢筋碰撞如图 12、图 13 所示。

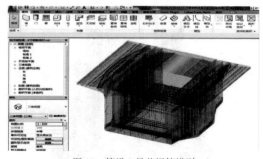

图 12　箱梁 0 号节钢筋模型

图 13　箱梁节段预应力管道、钢筋模型

通过本次钢筋与预应力管道碰撞检查发现，钢筋与预应力管道碰撞共计 2680 处，并出具碰撞检查报告；其中 N7-1、N7-4、N7-5 钢筋距离顶板保护层不满足设计要求，需配合项目部进行钢筋下料优化。

以图 13 为例：通过 Navisworks 对现浇梁节段钢筋与预应力管道碰撞检查共计发现钢筋与预应力管道碰撞 2680 处，发现问题主要为 N7-1、N7-4、N7-5 钢筋距离顶板保护层不满足设计要求，需配合项目部进行钢筋下料优化。其他种类钢筋与管道产生的冲突可以通过调整钢筋间距或者改变下料长度进行避绕，如图 14 所示。

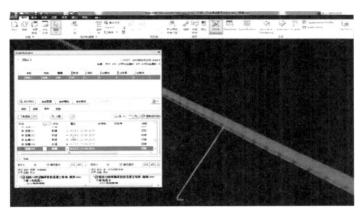

图 14　钢筋与预应力管道的碰撞

钢筋与预应力管道的碰撞检查，见表 1、表 2。

0 号块段 N7-1 钢筋碰撞检查　　　　　　　　　　　　　　　　　　　　表 1

位　置	CAD 图 纸			问　题
现浇段 0 号块段普通钢筋图 N7-1	N7-1	φ20	554　5621～5893　平均5757　δ=19.4 / R=143　L=242 / 5786～6058　平均5922　δ=19.4　719	如果按照图纸制作 - 钢筋时，N7-1 钢筋保护层不满足设计要求

碰撞检查汇总表　　　　　　　　　　　　　　　　　　　　表 2

位　置	Revit 模 型	问　题
问题 1：在箱梁 2 号节段当中。图号：哈牡桥通 - I -05-10 ～ 16 普通钢筋图与哈牡桥通 - I -05-22 ～ 37 普通钢筋图		N7-1 普通钢筋与预应力管道 TL 存在碰撞
问题 2：在箱梁 2 号节段当中。图号：哈牡桥通 - I -05-10 ～ 16 普通钢筋图与哈牡桥通 - I -05-22 ～ 37 普通钢筋图		N1b 普通钢筋与顶板预应力管道 T9 存在碰撞

续上表

位　置	Revit 模　型	问　题
问题 3：在箱梁 2 号节段当中。 图号：哈牡桥通 - I -05-10～16 普通钢筋 图与哈牡桥通 - I -05-22～37 普通钢筋图		N8 普通钢筋与底板预应力管道 B14 存在碰撞
问题 4：在箱梁 2 号节段当中。 图号：哈牡桥通 - I -05-10～16 普通钢筋 图与哈牡桥通 - I -05-22～37 普通钢筋图		N10-2 普通钢筋与底板预应力管道 B14 存在碰撞
问题 5：在箱梁 2 号节段当中。 图号：哈牡桥通 - I -05-10～16 普通钢筋 图与哈牡桥通 - I -05-22～37 普通钢筋图		N12 普通钢筋与地腹板预应力管道 F4 存在碰撞
问题 6：在箱梁 2 号节段当中。 图号：哈牡桥通 - I -05-10～16 普通钢筋 图与哈牡桥通 - I -05-22～37 普通钢筋图		N5-1 普通钢筋与地腹板预应力管道 F4 存在碰撞
问题 7：在箱梁 2 号节段当中。 图号哈牡桥通 - I -05-10～16 普通钢筋 图与哈牡桥通 - I -05-22～37 普通钢筋图		N6-1 普通钢筋与地腹板预应力管道 B14 存在碰撞

利用已经搭建完成的模型，对桥梁与结构、管线与钢筋之间进行各种错漏碰缺的检查，并导出碰撞检查问题汇总，提出设计优化建议，一方面提高了设计单位的设计质量，另一方面避免了在后期施工过程中出现各类返工引起的工期延误和投资浪费。

3.3　BIM 技术工程量统计减少材料浪费

依靠 BIM 信息模型实时准确提取各个施工阶段的工程量，为施工企业制定精确的人、机、材计划提供有效的支撑，大大减少了资源、物流和仓储环节的浪费，为实现限额领料、消耗控制提供强有力的技术支持。

本项目基于所建立的 BIM 精确信息模型，通过软件快速提取并统计项目的所有钢筋、混凝土、钢管、工字钢、槽钢等材料工程量。在施工前，使用 Revit 建立的精细化模型快速提取相应的工程量，与设计图纸进行对比给出合理可靠的正确材料量，从而实现材料精细化管理，减少浪费，节约成本。钢筋工程量统计流程如图 15 所示。

以 2 号块为例，图纸设计方量 54.118m³，BIM 模型方量 55.383m³，三向预应力管道及张拉槽口 1.265m³，钢筋所占体积 0.88m³，2 号块可节省混凝土方量 1.265+0.88=2.145m³，全部箱梁节段总计可节省混凝土方量 92.171m³，如图 16 所示。

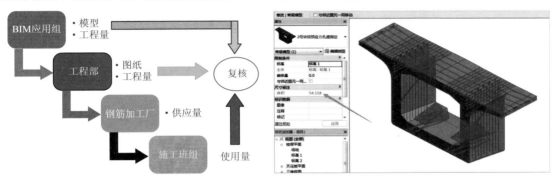

图 15 钢筋工程量统计流程图   图 16 2 号块在 Revit 软件中显示的体积

工程在施工过程中，通过利用 BIM 技术进行工程量的统计，与现场施工紧密结合，实现材料的限额发料和领料，见表 3。

连续梁桩基墩身混凝土工程量表   表 3

序　　号	项目名称	BIM 模型混凝土方量（m³）	备　　注
1	62 号桩基	52.13	
2	63 号桩基	45.06	
3	62 号墩身	188.60	
4	63 号墩身	203.83	
5	托盘	89.91	

通过利用 BIM 三维模型，计算出精确的材料需求计划，并进行精确的放样下料和优化，控制材料损耗，避免材料浪费，具体优化结果如图 17、图 18 及表 4 所示。

BIM 模型优化混凝土方量一览表   表 4

节段	混凝土设计方量（m³）	BIM 模型方量（m³）	钢筋方量（m³）	三向预应力管道及张拉槽口方量（m³）	净混凝土方量（m³）
0	315.35	328.104	5.96	3.886	318.258
1	57.86	58.505	0.912	1.289	56.304
2	54.7	55.383	0.883	1.265	53.235
3	49.99	49.518	0.856	1.213	47.449
4	43.83	44.351	0.827	1.105	42.419
5	41.9	42.707	0.809	0.7452	41.1528

续上表

节段	混凝土设计方量（m³）	BIM 模型方量（m³）	钢筋方量（m³）	三向预应力管道及张拉槽口方量（m³）	净混凝土方量（m³）
6	46.81	47.57	0.915	0.806	45.849
7	44.85	44.566	0.826	1.296	42.444
8	42.5	41.902	0.891	1.065	39.946
9	40.1	40.096	0.879	0.947	38.27
10	22.91	22.912	0.482	0.478	21.952
11	136.32	134.552	2.97	2.193	129.389
1′	57.86	58.263	0.912	1.289	56.062
2′	54.7	55.085	0.883	1.265	52.937
3′	49.99	49.796	0.856	1.182	47.758
4′	43.83	43.054	0.827	1.105	41.122
5′	41.9	43.054	0.809	0.7452	41.4998
6′	46.81	47.682	0.915	0.806	45.961
7′	44.85	45.619	0.826	1.296	43.497
8′	42.5	42.672	0.891	1.065	40.716
9′	40.1	40.843	0.879	0.947	39.017
10′	36.04	34.482	0.883	0.478	33.121
总计	728.11	742.059	12.916	13.599	715.544

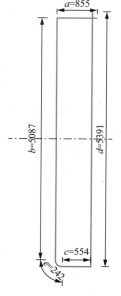

序号	a	b	c	d	e	L
1	855	4682	554	4986	242	11319
2	855	4697	554	5001	242	11349
3	855	4712	554	5016	242	11379
4	855	4727	554	5031	242	11409
5	855	4742	554	5046	242	11439
6	855	4757	554	5061	242	11469
7	855	4772	554	5076	242	11499
8	855	4787	554	5091	242	11529
9	855	4802	554	5106	242	11559
10	855	4817	554	5121	242	11589
11	855	4832	554	5136	242	11619
12	855	4847	554	5151	242	11649
13	855	4862	554	5166	242	11679
14	855	4877	554	5181	242	11709
15	855	4892	554	5196	242	11739
16	855	4907	554	5211	242	11769
17	855	4922	554	5226	242	11799
18	855	4937	554	5241	242	11829
19	855	4952	554	5256	242	11859
20	855	4967	554	5271	242	11889

图 17 优化后的钢筋尺寸示意图（尺寸单位：mm）

序号	下料长度	数量（根）	原材长度	12000mm		余料调配	根数	余料	第1段	第2段	第3段	第4段	第5段	第6段	第7段	第8段
			下料最长	11718mm			214	600	11400							
1	9818	100	下料最短	1048mm			64	444	11556							
2	2666	200	下料种数	29种			10	252	11718							
3	1098	200	下料根数	2606根			1	633	3379	1707	1707	1543	1543	1488		
4	3379	200	下料总长	1.1E+07mm			4	869	3379	3379	2666	1707				
5	1707	400	理想根数	906根			1	23	2666	1768	1707	1707	1543	1488	1098	
6	1768	152	理想余料	3416mm			1	261	4494	1768	1543	1418	1418	1098		
7	1488	200					1	202	8152	1500	1098	1048				
8	11400	214	需搭配下料情况				1	466	2666	2666	2666	1768	1768			
9	1500	36	最长	10356mm			1	54	1707	1707	1707	1543	1543	1098	1098	
10	10000	2	最短	1048mm			6	421	8548	1543	1488					
11	8306	2	种数	26种			5	44	8242	2666	1048					
12	6612	2	根数	2318根			1	697	8548	1707	1048					
13	4920	2	总长	7572220mm			1	967	2666	1768	1707	1707	1488			
14	1048	20	理想根数	632根			1	926	2666	2666	1768	1488	1488	1098		
15	2388	26	理想余料	11780mm			1	586	8548	1768	1098					
16	11556	64					5	196	8548	1768	1488					
17	10356	2	实现根数	656根			1	478	3379	1768	1707	1707	1543	1418		
18	8662	2	实现余料	299780mm			9	344	8242	1707	1707					
19	6958	2	余料根数	654根			12	257	8548	1707	1488					
20	5074	2	余料方差	22.36			6	327	8548	1707	1418					
21	8202	10					1	62	8242	1500	1098	1098				
22	11718	10	随机次数	8千次			1	781	4494	2666	1543	1418	1098			
23	8548	152	实际利用率	97.39%			2	826	6572	1707	1707	1488				
24	3242	80					1	197	4494	1707	1543	1543	1418	1098		
25	8152	32					3	11	2666	1768	1707	1707	1543	1500	1098	
26	6572	54														

图 18　BIM 模型优化钢筋方量一览表

3.4　BIM 技术与测量集成提高坐标精度

本项目采用 BIM 技术与施工测量的集成，不但能提高施工放样作业效率，而且能够实时校验分析放样的坐标数据，提高坐标点施工精度，大大减轻测量人员的劳动强度。应用 BIM 建出精确的信息化模型，根据总平面布置图将模型关键点坐标与大地坐标系统一，还可在模型当中得到转体桥转体前后任意位置的三维坐标，提高测量放线的精确度和效率。

蚂蚁河 1 号大桥为双线铁路桥，设计速度 250km/h，该段连续梁位于 $R=4500m$ 的圆曲线及缓和曲线上，跨度为 45m+70m+45m，全长 161.5m，采用挂篮悬臂施工。本桥采用有砟轨道，轨面结构高度为 886mm。在施工过程中线路线形全过程跟踪计算，根据现场实际情况变化，不断调整、完善计算参数以满足设计对线形的要求。根据施工方案、工艺和工期的要求，模拟施工过程对全桥进行建模分析计算；再根据实际施工过程的测量数据，动态调整施工梁段的坐标放样，使悬灌合龙时的精度以及体系转换完成后的梁体线形达到设计要求。

3.4.1　施工设计提供的线性要素

（1）线路平断面

线路平断面曲线要素见表 5。

线路曲线要素表　　　　　　　　　　　　　　　　　　　　　　表 5

线别	ZH	O	R	I	T	L	HZ	偏向
左线	DK 150+480.5679	57°05′39.43070″	4500	380	2638.81298	4864.17476	DK155+344.7427	向左
右线	DK 150+480.56862	57°05′39.43070″	4504.6	380	2641.31476	4868.75858	DK155+344.74198	向左

（2）线路纵断面

线路纵断面数据见表 6。

纵断面数据一览表   表6

纵 断 面 数 据				断 面 资 料
变坡点里程	轨面高程(m)	竖曲线半径(m)	坡　度(‰)	
DK 150+400.00	209.405	25000		
			2.5	
DK 152+700.00	215.155	25000		
			4.5	
DK 154+400.00	222.805	25000		
			−3.2	
DK 156+000.00	217.885	25000		
			1	
DK 158+200.00	219.885	25000		

3.4.2　BIM 技术与施工测量的集成

BIM 技术与施工测量的集成，能实现施工现场 100% 无线作业，一个人一天即可完成成百上千个放样点的放样工作；施工现场高效管理所有放样的分层数据和点数据，并按照需要创建控制点和作业线；竣工检测，检查他人的工作，并在需要时为工程变更创建文档。具体应用流程如下：

（1）从 BIM 模型中设置现场控制点坐标和桥梁结构点坐标分量作为 BIM 模型复合对比依据，在 BIM 模型中创建放样控制点。

（2）在已通过审批的桥梁 BIM 模型中，设置管线支吊架点位置，并将所有的放样点导入 Trimble Field Link 软件中。

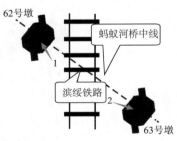

（3）进入现场，使用 BIM 放样机器人对现场放样控制点进行数据采集，即刻定位放样机器人的现场坐标。

（4）通过平板电脑选取 BIM 模型中所需放样点，指挥机器人发射红外激光自动照准现实点位，实现"所见点即所得"，从而将 BIM 模型精确地反映到施工现场（图19）。

图19　62 号、63 号转盘中心点位

3.4.3　BIM 模型坐标数据采集

根据施工设计的资料与要求，BIM 技术服务团队提供蚂蚁河 1 号大桥的 62 号 /63 号转盘中心界址点坐标、62 号上承台转前 / 转后界址点坐标、63 号上承台转前 / 转后界址点坐标以及连续梁段合龙前后中心 / 边线 / 左右中线坐标。以 63 号为例说明见表7~ 表9 及图20~ 图24。

62 号、63 号转盘中心界址点坐标   表7

序　号	点　号	坐　标	
		x (m)	y (m)
1	62 号转盘中心	4995938.5299	503674.7614
2	63 号转盘中心	4995895.7532	503730.2139

63 号上承台转前界址点坐标   表 8

序　号	点　号	坐　标		边　长
		x（m）	y（m）	
1	63 号承台转前 1	4995899.372	503722.783	
2	63 号承台转前 2	4995901.056	503736.480	13.8
3	63 号承台转前 3	4995892.126	503737.579	9
4	63 号承台转前 4	4995890.440	503723.883	13.8
1	63 号承台转前 1	4995899.372	503722.783	9

63 号上承台转后界址点坐标   表 9

序　号	点　号	坐　标		边　长
		x（m）	y（m）	
1	63 号承台转后 1	4995903.944	503730.781	
2	63 号承台转后 2	4995898.503	503737.950	13.8
3	63 号承台转后 3	4995887.510	503729.607	9
4	63 号承台转后 4	4995892.951	503722.438	13.8
1	63 号承台转后 1	4995903.944	503730.782	9

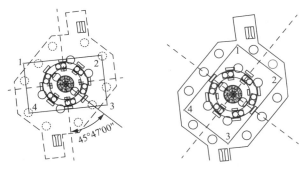

图 20　63 号上承台转前 / 转后界址点坐标

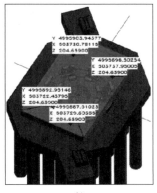

a)   b)

图 21　63 号上转体前、后承台点位分布

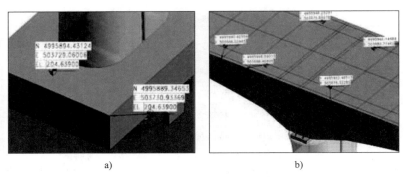

图 22　承台和梁面点位分布模型图

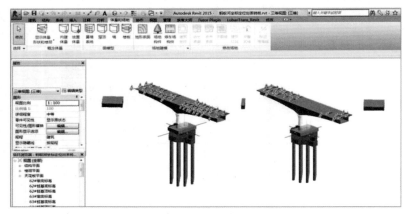

图 23　转体连续梁转体土建 BIM 整体模型（转体前）

图 24　转体连续梁转体土建 BIM 整体模型（转体后）

3.4.4　BIM 模型坐标与施工放样坐标数据对比分析

BIM 技术项目团队积极与测量部门对接，并与上一阶段测量数据进行对比分析。确保了采用 BIM 技术可以精准地进行施工放样，BIM 技术放样模块是根据设计数据进行三维精细建模，提取的有利于施工放样的坐标数据，以便快速地指导施工。现将转体连续梁梁面转前、转后对比数据结果走势图提供参考（BIM 模型的坐标数据与测量部门提供的坐标数据比较）。由走势图（横坐标表示差值的数量，纵坐标为差值的大小，线性表示各个部位差值的变化趋势）得知：对比连续梁转前坐标，桥梁中心坐标差值集中在 ±1mm 差值范围，左右边线坐标差值集中在 ±3mm 的范围之内。对比连续梁转后坐标，对比坐标差值集中在 ±1mm 范围之内（图 25）。

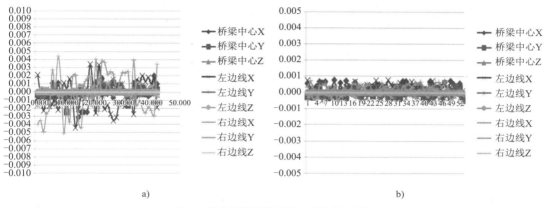

图 25 转体连续梁面转体前、后的坐标对比

3.5 BIM 技术的进度关联协调施工进度

将 BIM 模型与施工进度计划相关联，实现 4D 模拟，通过它不仅可以直观地体现施工的界面、顺序，还可以使各专业施工之间的施工协调变得清晰明了，从而检测施工进度计划的可行性，提早发现工程的工序问题。

本项目采用 Navisworks 对模型进行 4D 施工进度模拟，根据施工组织预先设计的计划时间和实际时间进行对比，对工期滞后的时间段进行预报警示，提醒项目合理的配置资源，加快施工进度。并通过 BIM 技术给出合理的材料用量，从而达到对工程施工进度的控制，为实施精细化施工管理提出理论与方法。Navisworks 对模型进行 4D 施工模拟如图 26 所示。

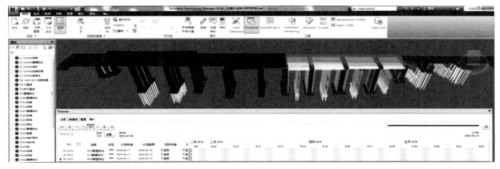

图 26 Navisworks 进行 4D 进度模拟

基于 BIM 技术的进度比对主要是通过对比方案的进度计划和实际进度，找出差异，分析原因，实现对项目进度的合理控制与优化。施工进度动态演示如图 27 所示。

图 27　施工进度动态演示图

通过对三维建筑信息模型 4D 施工进度模拟可以解决以下问题：

（1）合理规划安排大桥现浇梁整体施工顺序。

（2）合理规划支架现浇梁施工作业面，避免空间位置冲突。

（3）动态展示支架现浇梁施工路线进展过程，直观清晰。

（4）工期超前滞后分析预警，有助于施工进度的整体把握。

3.6　可视化三维技术交底提高工作效率

项目采用 Fuzor 软件（VR 虚拟现实技术）进行三维技术交底可减轻技术人员和施工班组的负担，提高施工效率，减少不必要的浪费。施工前使用 Fuzor 软件进行三维技术交底，可以第一人称视角在任意角度、任意位置查看三维模型，改变了传统技术交底不够直观清晰的模式，从而指导施工班组施工，加快了施工进度，避免不必要的返工。

蚂蚁河 1 号特大桥转体连续梁在施工之前进行三维技术交底，首先，在技术人员和施工班组之间对各个转体梁 BIM 信息模型建立一个感性的认识；然后，从桩基、上下承台、转体系统结构、墩身、0 号块支架、边跨现浇段支架、箱梁节段构造、钢筋、预应力管道位置、挂篮拼装等各个方面进行系统的三维技术交底。

三维可视化施工交底利用 BIM 模型对复杂节点、钢筋排布等输出三维图、剖面图，使施工技术人员明确掌握图纸设计意图和施工顺序，指导工人准确定位钢筋、模板，避免了图纸的误读、不理解造成返工。

通过 Fuzor 软件可以在移动端设备里自由浏览、批注、测量、查看 BIM 模型参数，快速获取 BIM 模型当中的任意构件的建筑信息，包括属性、详细尺寸、位置等，指导技术人员如何进行下料、加工以及如何确定 0 号块支架、边跨现浇段支架、钢管立柱的具体位置。边跨现浇段、0 号块支架、挂篮拼装的三维技术交底模型如图 28、图 29 所示。图 30 为现浇箱梁节段钢筋三维技术交底图。

图 28　挂篮三维技术交底

图 29　边跨现浇段支架三维技术交底

图 30　现浇箱梁节段钢筋三维技术交底图

以箱梁 0 号节段波纹管线形定位为例，根据转体连续箱梁箱梁节段精确三维 BIM 模型做出剖面（图 31），为了方便看图，可以导出各个截面的 CAD 图，如图 32~ 图 35 所示。

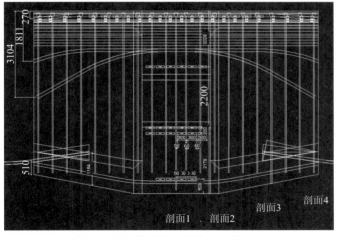
图 31　0 号块段 - 预应力管道 -A- 立面 - 右

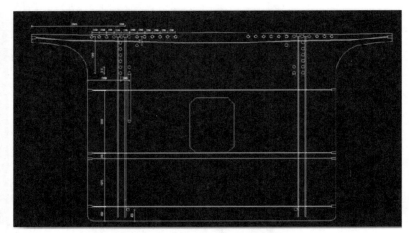

图 32　0 号块段 - 预应力管道 -A- 剖面 1

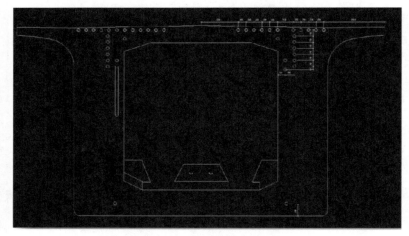

图 33　0 号块段 - 预应力管道 -A- 剖面 - 剖面 2

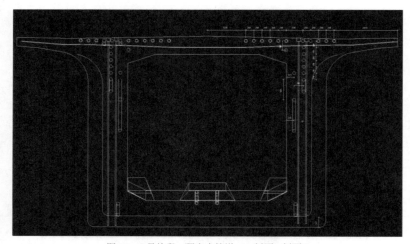

图 34　0 号块段 - 预应力管道 -A- 剖面 - 剖面 3

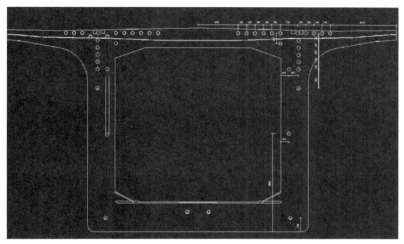

图 35 0 号块段 - 预应力管道 -A- 剖面 - 剖面 4

由图 31~ 图 35 可知，BIM 技术服务团队根据现场需要，为了方便施工，精确控制蚂蚁河 1 号特大桥（转体连续梁）波纹管线形走向，加快施工，减少波纹管的定位偏差，先给出 0 号箱梁节段中所涉及的每一根预应力波纹管的具体位置，并且详细标注其相对位置关系，后续箱梁节段定位陆续提供。

通过三维技术交底，提前优化钢筋下料和钢筋弯起长度、角度，使之错开与管道的碰撞，还可使工人在施工前直观地看到三维模型钢筋的绑扎位置及方法，避免返工，三维可视化更便于沟通，减少信息请求，缩短施工周期，使施工人员更好地理解施工顺序与方法。

3.7 BIM 技术的施工模拟指导现场施工

根据施工组织安排的施工进度计划安排，在已经搭建好的模型上加上时间维度，分专业制作可视化进度计划，即四维施工模拟。

一方面可以指导现场施工；另一方面为建筑、管理单位提供非常直观地可视化进度控制管理依据，如图 36~ 图 38 所示。

图 36 挂篮施工动画模拟图

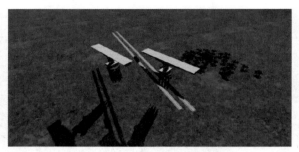

图 37　转体连续梁转体中动画模拟图

图 38　转体连续梁转体完毕动画模拟图

3.8　BIM 技术的虚实结合实现动态管理

通过 BIM 模型与实际项目进展的虚实结合，可以进行项目的动态管理（图 39），从而实现全方位管控，这是施工企业最为关注的应用价值之一。

图 39　BIM 动态管理图

结合哈牡客专蚂蚁河 1 号特大桥转体连续梁项目重点阐述使用 BIM 平台软件 LuBan 开展的动态管理工作：

（1）优化施工流程，进行项目施工全过程资料管理，形成有序、结构化的资料库。

（2）优化管理流程，进行项目安全、质量管理，建立安全动态反馈机制，建立实时可知的动态进度管理机制，形成可追溯的质量安全管理数据库。

综上，BIM 创建好后，通过客户端，所有管理人员可以随时随地根据时间、工序、区域等多个维度查询单项目的实物量数据。利用 Iban 可以将现场的施工进度、质量、安全等照片方便快捷的利用手机上传到 BE 模型（图 40），通过 PC 打开 BE 软件，管理者在计算机上即可时时了解节段梁的施工进度、安全、质量等情况，对现场进行动态管理，同时企业可以积累自己的质量安全库，避免发生类似施工问题。查询方式简单方便，可以定位任意项目的区域位置，能实时查询该在建项目的周边环境、即时天气情况等。最主要的是，只需输入关键词，便能检索某一时间段、某区域的工程量数据，实现按时间、区域多维度检索与统计数据。在项目管理中，使材料计划、成本核算、资源调配计划、产值统计（进度款）等方面及时准确地获得基础数据的支撑。

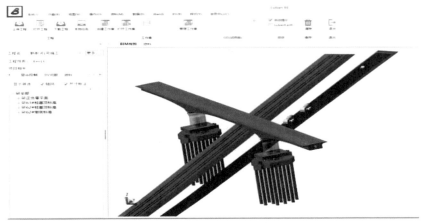

图 40　BIM 平台软件 BE 截图

3.9　BIM 技术的人才培养储备企业力量

为贯彻中国中铁关于精细化管理的要求，推进精细化管理在项目中的应用。中铁一局二公司借助哈牡客专蚂蚁河 1 号特大桥转体连续梁 BIM 技术应用，将精细化管理落到实处。依托高校教育资源优势，培养企业 BIM 技术人才，为企业后续发展储备人才，达到不断提高企业施工水平的目的。

哈牡客专四标项目成立 BIM 实施团队，建成阶段性 BIM 培训基地，激励员工努力提升自己的专业技能，形成"比、学、赶、帮、超"的良好氛围，为企业培养了一支强有力的 BIM 后备力量（图 41）。

a)　　　　　　　　　　　　　　　　b)

图 41　哈牡客专 BIM 培训现场图

4　BIM 技术应用价值

BIM 的最大价值一方面是源于对项目的管理，它是管理的一个抓手；其次是实现了项目的协同，极大地提升了效率。运用 BIM 技术，既能实现信息与价值的共享，也可以将质量与成本最大化。建立以 BIM 应用为载体的项目信息化管理，提升项目生产效率、提高建筑质量、缩短工期、降低建造成本，具体体现在以下七个方面。

4.1　三维渲染，宣传展示

三维渲染动画，给人以真实感和直接的视觉冲击。建好的 BIM 模型可以作为二次渲染开发的模型基础，大大提高了三维渲染效果的精度与效率。

4.2　碰撞检查，减少返工

BIM 最直观的特点在于三维可视化，利用 BIM 的三维技术在前期可以进行碰撞检查，优化工程设计，减少在建筑施工阶段可能存在的错误和返工的可能性。最后施工人员可以利用碰撞优化后的三维施工方案，进行施工交底、施工模拟，提高施工质量，同时也提高了与业主沟通的能力。

4.3　快速算量，提升精度

BIM 数据库的创建，通过建立 5D 关联数据库，可以准确快速计算工程量，提升施工预算的精度与效率。由于 BIM 数据库的数据粒度达到构件级，BIM 技术能自动计算工程实物量，可以快速提供支撑项目管理所需的数据信息，有效提升施工管理效率。

4.4　精确计划，减少浪费

施工企业精细化管理很难实现的根本原因在于海量的工程数据无法快速准确获取以支持资源计划。而 BIM 的出现可以快速准确地获得工程基础数据，为施工企业制定精确人材计划提供有效支撑，大大减少了资源、物流和仓储环节的浪费，为实现限额领料、消耗控制提供技术支撑。

4.5　多算对比，有效管控

管理的支撑是数据，项目管理的基础就是工程基础数据的管理，及时、准确地获取相关工程数据就是项目管理的核心竞争力。BIM 数据库可以实现任一时点上工程基础信息的快速获取，通过合同、计划与实际施工的消耗量、分项单价、分项合价等数据的多算对比，可以及时有效了解项目运营盈亏与否，消耗量有无超标，进货分包单价有无失控等问题，实现对项目成本风险的有效管控。

4.6　虚拟施工，有效协同

三维可视化功能再加上时间维度，可以进行虚拟施工。随时随地直观快速地将施工计划与实际进展进行对比，同时进行有效协同，施工方、监理方、业主方都能对工程项目的各种问题和情况了如指掌。通过 BIM 技术结合施工方案、施工模拟和现场视频监测，大大减少建筑质量问题、安全问题，减少返工和整改。

4.7　冲突调用，决策支持

BIM 数据库中的数据具有可计量（Computable）的特点，大量工程相关的信息形成数据后台。BIM 中的项目基础数据可以在各管理部门进行协同和共享，工程量信息可以根据时空维度、构件类型等进行汇总、拆分、对比分析等，保证工程基础数据及时、准确地提供，为决策者制订工程造价项目群管理、进度款管理等方面的决策提供依据。

BIM在地铁工程中的应用

BIM技术在地铁供配电与接触轨施工中的应用

月湖公园北站项目BIM技术应用

BIM技术在厦门地铁1号线轨道工程施工中的应用

BIM技术在半明半盖明暗挖结合地铁车站土建施工中的应用

BIM技术在地铁供配电与接触轨施工中的应用

随着计算机技术和信息技术的不断发展，工程建设行业新技术应用与信息化管理需求不断增强。以三维数字技术为基础的 BIM 技术因为其对建筑工程项目各种相关信息的高度集成，在地铁建设项目中得到了广泛的推广应用。

但是，现阶段地铁 BIM 技术应用大多还集中于土建结构、装修工程、站内通风和给排水工程。在地铁供电系统工程，尤其是地铁供配电工程与接触轨工程施工中，国内还没有相关案例。为此，本工程根据项目实际需要，针对地铁供电工程 BIM 技术应用进行深入研究，以力求深入地将 BIM 技术应用于地铁供电系统工程建设中。

1 项目概况

1.1 工程概况

广州市轨道交通六号线二期供电系统安装工程由中铁一局集团电务工程有限公司承建，本工程是国内首条将 BIM 技术应用于现场全专业协同施工的地铁线路，也是国内首条将 BIM 技术应用于供电工程全流程施工的地铁线路。项目线路长约 17.4km，全为地下线。共设 10 座车站，全为地下站（图 1）。正线的地下区段线路牵引供电系统采用直流 1500V 三轨供电。

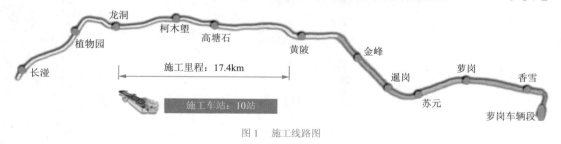

图 1 施工线路图

本工程主要包括六号线二期工程的长湴～香雪段供电系统工程、疏散平台工程。工程主要施工内容为六号线二期供配电设备安装及电缆敷设、环网工程、接触轨、刚性接触网（失电区加装）及附属设施安装（含车辆段出入段线、试车线所有接触轨的相关内容）、杂散电流防护及监测系统采购及安装、供电系统设备调试及系统调试、隧道内疏散平台、接触轨安装工程等。

1.2 技术应用背景

本工程施工面广，线路长，工艺要求高，质量控制严格，施工工期紧张，交叉现象严重，施工进度风险压力大。为此，项目引入 BIM 开展技术支持，以提高施工组织能力，提高现场管理效率。

1.2.1 工程特点

（1）施工面广、线路长。地铁供配电施工界面包含站内相应设备房、区间线路以及出入线段等，是工程施工界面最多的几个专业之一。本工程包括 10 个站内设备房施工共 50 多处，区间正线施工 34.8km。

（2）施工组织任务繁重。地铁供配电施工线路长、投入人力大、施工界面分散、涉及专业广，造成施工组织协调任务繁重，施工技术管理困难。

（3）工艺要求高、质量控制严格。供电工程是地铁运营的基础能源工程，工程质量影响深远，对施工工艺、质量控制严格。

（4）前置工作量大。供电施工在车站内存在大量前置性施工（如预埋件安装、接地支干线安装）、区间前期测量工作量巨大。

1.2.2 BIM 技术应用背景

（1）开展技术应用研究。BIM 技术在地铁供电系统工程中尚无技术案例，本工程通过开展基于施工的 BIM 技术应用研究，将为 BIM 技术在地铁供电工程应用提供借鉴。

（2）提高设计优化与现场管理。供电工程施工技术复杂，设计专业多、施工接口多、现场施工前置工作量大，引入 BIM 技术提高施工技术水平与现场管理能力。

（3）施工工期紧，提高施工组织能力。引入 BIM 技术在施工工期紧张的情况下解决施工线路长、界面分散、专业多、技术管理困难等一系列影响施工进度问题。

（4）提高施工管理信息化能力，实现施工扁平化管理；开展基于 BIM 技术的技术开发研究。

2 技术应用环境与流程

2.1 技术应用环境

技术应用环境是保障 BIM 技术在项目顺利实施的基础，通过软件、网络及硬件环境的搭建配合，可以有效地实现 BIM 技术成果应用于现场施工与项目协同管理（图 2、图 3）。

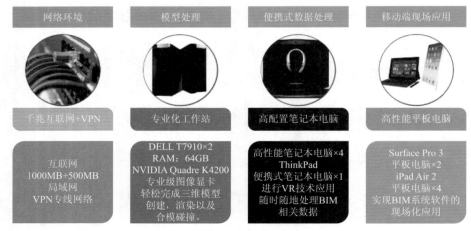

图 2　软件环境

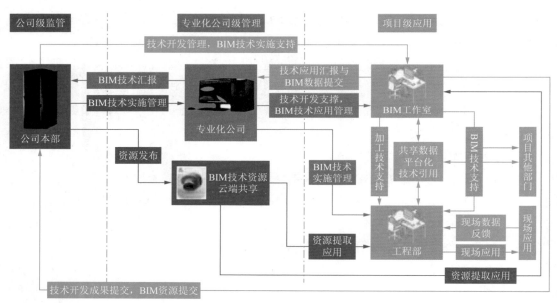

图 3　网络及硬件环境

在广州市轨道交通六号线二期供电系统工程 BIM 技术应用过程中，项目根据实际需要，通过协同分析的引入应用、BIM+ 技术的深入开展以及对 BIM 技术的技术研发，在项目实施过程中，实现了 BIM 技术对项目的系统化管理和协调。

2.2　BIM 技术实施流程

本工程通过"三级两层"的 BIM 应用构架对项目进行管理（图 4）。"三级两层"管理分为公司级管理层和项目级应用层。各专业化公司根据各自特点实行 BIM 技术的差异化管理，项目部负责 BIM 技术的具体实施。（见图 4）

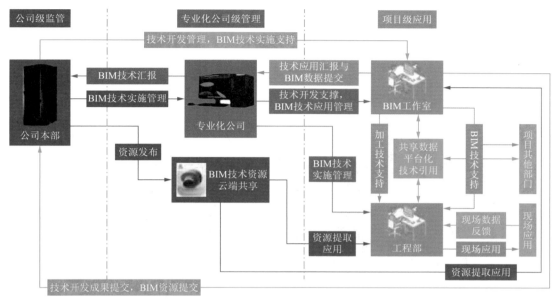

图 4　BIM 技术应用管理构架

3　BIM 技术应用

3.1　BIM 技术在供配电设备吊装施工过程中的应用

3.1.1　技术应用背景

轨道交通作为特殊的交通方式，在城市公共交通体系中起到举足轻重的作用。受道路情况影响，在市区建造的地铁车站往往以地下站或半地下站为主，从空间上来讲，从上至下一般由结构顶板（地面层）、中板（站厅层）、底板（站台层）组成，而作为车站变配电所，普遍设于底板端头位置，个别车站还会因低压用电负荷的影响，在中板或隧道区间增设跟随变电所（图 5），加之车站内部同时有机电安装、装饰装修等施工干扰，作业现场环境也随之变得越来越复杂，其要求设备的吊装运输条件也极为苛刻。

图 5　供配电设备安装位置

在地铁供电系统安装工程中，车站内变配电所设备吊装、运输的安全风险较其他作业高，施工组织及协调难度大、施工空间狭小且作业时间紧，一直以来都是作为地铁供配电施工的重点施工环节加以控制（图6）。由于地铁施工现场环境变动大，传统施工组织以及方案设计很难有效地及时反映现场状态，文字和逻辑思维也很难进行施工交底，规划和分析各类施工安排、解决各类施工协调，用文字方案很难阐述清晰，造成协调沟通障碍。

a)   b)

c)   d)

图6　供配电设备吊装作业

图7　运输路径分析

因此，通过 BIM 技术对吊装方案进行可视化场景搭建与分析（图7），以可视化三维模拟进行施工计划协调，分析吊装作业流程，解决吊装过程中运输路径规划、专业施工次序、"借口借洞"等各类问题，即成为 BIM 技术在供配电设备吊装施工过程中的应用关键。

3.1.2　技术应用内容

（1）应用流程

在 BIM 技术应用前期，技术人员通过场地调查采集分析数据，搭建场地模型。根据设备运输计划，对现场吊装站位、起重载荷、下吊点和运输路径进行方案可视化分析，比选可行性方案，并最终指导施工。利用 BIM 技术，在设备吊装过程中，通过可视化的仿真场景布置，综合性地对吊装机械设备的站位、设备的吊装承载等作业要点进行分析。通过动态的流程模拟，对吊装过程中可能出现的交叉作业进行协调，综合对吊装实施方案进行全流程的可行性模拟，确定方案实施的安全性（图 8）。

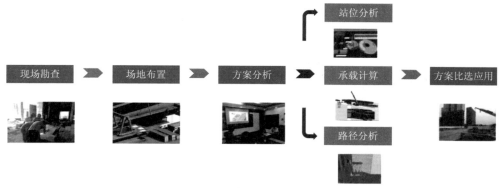

图 8　技术应用流程

为确保吊装模拟全过程分析的可行性，技术人员对所能涉及的现场场景全部进行场布建模（图 9）。通过模型进行方案分析的同时，可以通过 VR、区域截图、图形剖切分析等技术，使施工人员提前熟悉现场状况，并对可能出现的安全隐患进行预估，制订解决方案。

图 9　建立完善的分析模型

（2）吊装站位与承载力分析

由于地铁施工现场的环境特殊性，地面硬化、孔洞位置、围蔽布置、空间环境等因素对吊装设备的站位影响很大（图 10）。

在 BIM 吊装方案模拟中，需要根据设备的起始位置、吊装就位位置（即吊装孔洞位置）以及现场设施设备的堆放位置综合考虑，决定超重机的固定位置（图 11）。

吊装站位与承载力分析内容包括：

①设备位置。

②吊装孔洞位置。

③现场设施堆放位置。

④现场空间环境。

图 10　设备吊装现场环境复杂

图 11　吊装站位

技术人员经过分析，利用 BIM 技术对吊装设备进行中心定位，对不同吨位吊装设备建立基于吊装安全范围的可视化分析图形，通过图形解决大量数据计算过程，提高分析效率。有效地解决吊装设备站位分析复杂计算以及现场环境因素无法统筹考虑的一系列问题（图 12）。

（3）吊装碰撞分析

由于地铁供配电设备吊装的特殊性，其设备多采用通风与流通道，未封闭结构孔洞作为入场通道。由于供电设备自重大、设备精密、运输要求高，尤其是变压器及主控制柜体积过大，在吊装过程中如果未做充分规划有可能引起吊装碰撞事故，严重时可能损伤设备，造成严重损失（图 13）。

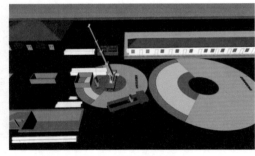
图 12　吊装载荷分析

图 13　吊装碰撞分析

对此，本工程在通过分析总结以前施工经验的同时，结合 BIM 技术的动态模拟，三维可视化分析特性，提出基于 BIM 技术的承载物包围碰撞法进行吊装作业分析。其主要技术要点是在基于结构模型的基础上，在待分析设备模型外围建立以设备模型中心点到设备最外围为半径的球状包围模型。通过分析包围模型与运输孔洞通道的碰撞情况来选择合适的吊装孔洞进行作业。

（4）运输路径分析

吊装路径分析（图 14）主要是利用

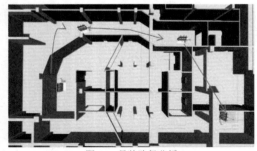
图 14　吊装路径分析

BIM 的可视化漫游效果和施工模拟技术，对吊装路径、施工交叉进行综合模拟和分析，根据模拟结果进行施工安排和具体的施工协调工作。

3.2　BIM 技术在供配电电缆敷设施工中的应用

3.2.1　技术应用流程

基于 BIM 的供配电电缆敷设应用的技术核心是基于 BIM 技术，针对电缆敷设方案进行模拟敷设及安装，从而验证施工流程，确保电缆用量和美观度，提前发现设计中存在的问题，及时优化、调整施工方案的过程。

BIM 技术的电缆敷设应用，需要在模型中根据图纸确定设备位置，在电缆及其支架建立完成后，通过模型、图纸、施工标准进行设计优化（见图 15）。

图 15　变配电所系统模型

其具体流程如图 16 所示。

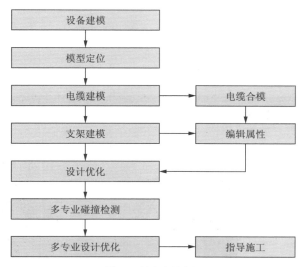

图 16　技术应用流程

3.2.2　插件应用

在 Revit 环境下很难实现电缆建模，这也是 Revit 系列 BIM 软件在地铁供配电等大面积裸露电缆敷设工程专业中无法深入应用的原因之一（图 17）。

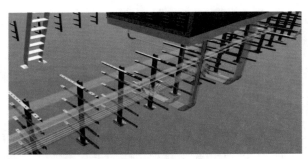

图 17 电缆模型

电缆模型断续，很难完全实现路径全过程的可视化规划。

在本项目，技术工程师引入广州地铁数据模型编码与电缆合模系列插件（图 18），在 Revit 环境环境中实现了裸露电缆的建模应用，解决了供配电专业电缆敷设与应用的 BIM 技术参与难题。

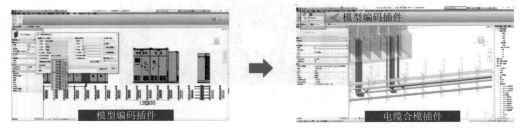

图 18   插件化编辑模型

电缆模型连续，可以实现电缆敷设路径的可视化规划，对电缆敷设路径进行合理优化，提高施工质量以及美观度，减少后期运维压力，实现运维阶段通过 BIM 模型对电缆位置进行精确定位，提高维护效率（图 19）。

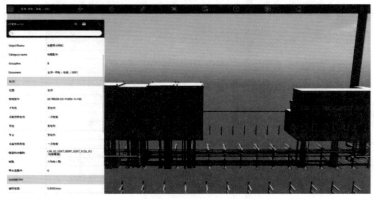

图 19   电缆插件化合模

3.2.3 电缆支架安装模拟

电缆支架是变配电所电缆敷设走向的依托，在本项目，技术人员通过 BIM 技术对电缆支架排布进行必要的设计优化，提高支架利用率。对站台板下各专业模型进行碰撞检测，优化路径规划，也系统性地优化了电缆敷设路径，实现了支架安装的合理有序，提高电缆敷设施工效率（图 20、图 21）。

图 20　支架安装模拟效果

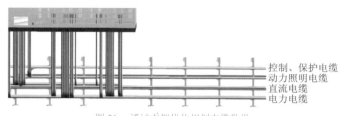
控制、保护电缆
动力照明电缆
直流电缆
电力电缆
图 21　通过支架优化规划电缆敷设

3.2.4　电缆分相规划与现场应用

在电缆建模过程中，通过插件应用，进行线缆分相排布规划（图 22）。根据电缆敷设路径，通过模型编码，对电缆相序进行可视化合理规划，避免电缆在入柜时出现交叉现象，提高后期运营维护效率和工艺美观度（图 23）。

在利用 BIM 技术，对电缆、支架进行规划的同时，根据电缆路径，对施工量进行分析计算，生成材料明细表，辅助现场施工，并对现场物料使用进行精细化管理（图 24）。

图 22　电缆分相规划

图 23　安装效果

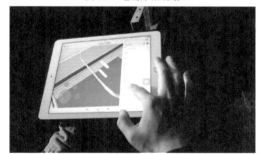
图 24　辅助现场应用

3.3　BIM 技术的可视化应用

3.3.1　BIM+VR 技术应用

BIM+ 已经成为 BIM 深层次应用的技术亮点，在本项目，技术团队引入了 VR 技术来辅助工程分析，实现了 BIM+VR 技术的深层次应用。

（1）进行可视化的漫游检查，辅助设计优化。

（2）吊装等特殊作业进行可视化的场景，方案的可视化分析。

图 25　VR 技术应用于技术交底

（3）基于 VR 的沉浸式技术交底（图 25）。

3.3.2　BIM+ 二维码技术应用

二维码，作为一种新型存储与读取技术，已经快速地在工程领域得到应用。在本项目，技术人员通过对二维码技术的分析，灵活性地将 BIM+ 二维码技术应用于现场施工管理与技术管理中。

（1）活码技术应用

活码技术由于其云端读取、一码多用的特性，很适合于在施工现场的属地管理、技术工艺跟进式培训、细节化技术交底等方面进行应用（图 26、图 27）。

图 26　活码在现场的应用

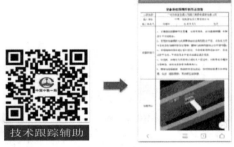

图 27　活码内容

（2）静态码技术应用

利用静态二维码的信息安全性，将二维码与 BIM 模型进行编码统一，可以利用二维码进行 BIM 模型的平台化数据管理（如设备信息管理），以及快速的模型查询，也可以将其用于施工质量的追溯管理之中（图 28、图 29）。

图 28　静态码在现场的应用

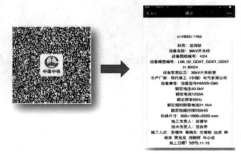

图 29　静态码内容

3.3.3　基于 BIM 技术的工艺工法辅助平台

供电系统工程是保障地铁安全运行的基础能源工程，其工艺精度要求高、施工难度大，对施工人员的技术能力要求极其严苛，传统技术交底与技术培训很难满足对施工人员的技术支持。为解决施工人员技术能力培训和施工技术交底无法清晰表述工艺细节的难题，本项目利用 BIM 技术开发了可视化工艺辅助系统，通过系统的交互式演示和视频、文字、流程图的直观体现，可以随时对施工人员进行技术培训和作业交底，有效地解决了施工现场持续性技术支持的难题（图 30）。

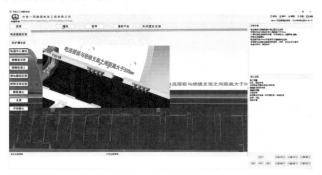

图 30　工艺工法辅助系统

3.4　BIM 技术在接触轨施工中的应用

接触轨是地铁机车安全运行的能源保证，本项目应用 BIM 技术参与地铁接触轨施工过程分析管理，通过 BIM 技术进行方案论证，对技术人员进行施工工艺培训，在施工前"先建"施工现场，模拟施工流程；利用 BIM 技术建立接触轨隔离开关系统模型，对其电缆排布进行系统规划，减少因隔离开关线缆排布引起的各类安全事故发生，综合提高了接触轨工程施工的技术可行性和施工效率。

3.4.1　接触轨建模

接触轨建模需整合区间中桩坐标、区间隧道调线调坡数据、区间横断面图等盾构、轨道专业数据，通过数据分析建立接触轨专业建模，建模主要包括区间接触轨模型（图 31）以及电动隔离开关模型（图 32）。

图 31　区间接触轨模型

图 32　隔离开关系统模型

在模型建立的同时，接触轨 BIM 技术应用主要还体现在以下几方面：

（1）工艺工法的动态施工演示（图 33）。

（2）利用接触轨的系统性模型进行施工技术培训和技术交底。

（3）进行可视化分析和技术优化，主要包括限界分析，曲线段安装分析等（图34）。

（4）基于平台化的 BIM 技术项目综合管理应用（图35）。

图33　工艺工法动态演示

图34　站内轨行区接触轨系统浏览与分析

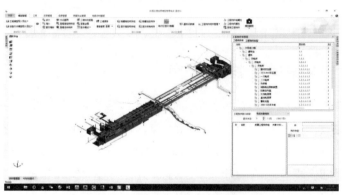
图35　平台化 BIM 技术应用

3.4.2　接触轨隔离开关建模

电动隔离开关是控制地铁机车动力控制的重要机构。也是接触轨施工质量与工艺控制的重中之重，由于其接入线缆多，线缆敷设路径复杂，必须多次过轨（横跨轨道）敷设，敷设路径选择与施工工艺对机车安全运行有一定影响。通过三维模型对电缆敷设路径与工艺进行分析，可以有效规避各类施工与运维阶段风险，提高施工质量与安全性；通过 BIM 三维建模，可以精细化地对隔离开关各机构进行详细标注，并进行模拟安装，控制工艺质量（图36、图37）。

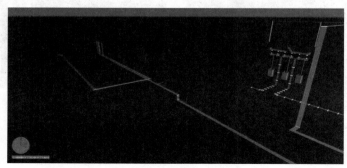
图36　电动隔离开关完整系统

图 37　电动隔离开关细节模型

4　技术应用分析

本项目 BIM 技术的引入，极大地提高了项目管理效率。由于 BIM 技术的介入，项目施工管理更加趋于精细化。从人员技术能力、人力资源组织以及施工的多专业协调效率明显提高，BIM 技术使项目管理由层级管理模式转变为扁平化管理，使项目管理组织能力以及物资管控能力明显提高（图 38、图 39）

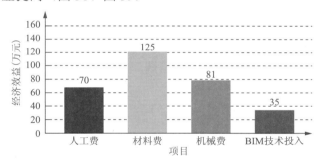

图 38　BIM 技术应用产生的经济效益

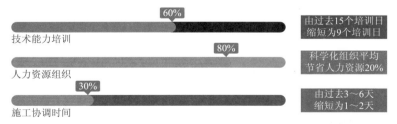

图 39　BIM 技术带来的效率

本项目由于 BIM 技术的引入以及深入应用，共节约各项资金 240 万元左右，施工组织效率也明显得到了提高。

在项目组织实施中，利用 BIM 进行方案论证、参与 BIM 平台化安全质量管理、创新项目安全与质量管理方式，提高了管理实效，使项目安全质量管理真正做到及时参与、积极干预，其远期效益将会非常巨大。

月湖公园北站项目BIM技术应用

随着计算机技术的成熟发展及普及，相对应的信息技术也在各个领域中得到了飞速的应用发展。建筑业同样也不例外，项目设计、建造、运营过程中的沟通、讨论、决策都在可视化的状态下进行，得到了施工企业普遍认可，在施工中以其可视性、优化性、模拟性、协调性、可出图形的五大优势，在地铁建设项目中得到了广泛的推广应用。

目前，BIM 技术在施工阶段运用为施工单位带来诸多益处，鉴于此，根据项目实际需要，项目部针对地铁工程 BIM 技术应用进行深入研究，以求将 BIM 技术应用于地铁工程施工阶段的工程建设中，获得技术应用的实践性应用经验。

1 工程概况

1.1 项目简介

长沙地铁 3 号线工程由中铁一局三公司承建，本工程将 BIM 技术应用于现场全专业协同施工的全过程。月湖公园北站位于长沙市开福区万家丽北路与洪山路交叉口，属 3 号线一期工程的中间站，与 5 号线进行换乘，3 号线在上，5 号线在下，总建筑面积约 50651m²。车站沿 3 号线长 308.132m，沿 5 号线长 313.204m，基坑整体呈 T 形斜交，如图 1 所示。

车站主体设计为地下三层箱形框架结构，采用明挖法施工。围护结构采用两种支护体系，分别为地下连续墙＋混凝土支撑、钢支撑和地下连续墙＋普通预应力锚索支撑。

图 1　施工结构图

1.2 技术应用背景

本工程施工面广，线路长，工艺要求高，质量控制严格，施工工期紧张，交叉作业多，施工进度风险大。为此，项目引入 BIM 开展技术支持，以提高施工组织能力，提高现场管理效率。

1.2.1　工程特点

（1）本工程地质条件复杂，地下水丰富，基坑支护体系施工难度大。根据地质勘查报告得知，3 号线施工区域地质情况较为复杂，所包含的土层较多。距离地面以下约 3m 范围内为杂填土其中夹杂一些素填土，3~6m 范围内为粉质黏土层，6~9m 范围内为细砂层，10~60m 范围内为卵石层，其中部分位置为强风化岩层，层厚 6~10m 不等。地下水位约在地面以下 6m，承压水头较高，地基岩水属于高承压水。

（2）施工组织任务繁重。施工厂区广、投入人力大，施工界面分散，涉及专业广造成施工组织协调任务繁重，施工技术管理困难。

（3）工艺要求高、质量控制严格。该工程是地铁运营的基础工程，工程质量影响深远，对施工工艺、质量控制严格。

（4）前置工作量大。施工在车站施工建设中有大量前置性施工（如预埋件安装、支护体系施工），区间前期测量工作量巨大。

1.2.2　BIM 技术应用背景

（1）开展技术应用研究。在城市轨道工程大规模建设的今天，BIM 理念不断地被人们认可，其作用在施工领域日益显著，我们期待 BIM 在地铁建设施工阶段发挥更大的作用，产生更广泛的影响。本工程通过开展基于施工的 BIM 技术应用研究，将为 BIM 技术在地铁工程中的应用提供应用案例。

（2）提高设计优化与现场管理。月湖公园北站工程施工技术复杂，设计专业多、施工接口多、现场施工前置工作量大，引入 BIM 技术有利于提高施工技术优化与现场管理能力。

（3）施工工期紧，提高施工组织能力。引入 BIM 技术在施工工期紧张的情况下可解决结构复杂、界面分散、专业多、技术管理困难等一系列影响施工进度问题。

（4）提高施工管理信息化能力。通过 BIM 在综合数字环境保持信息更新，使管理工作人员清楚全面地了解项目，进一步在施工和管理的过程中加快决策进度、提高拒测质量，从而使项目管理信息化程度得到更大的提高。

2　技术应用环境与流程

2.1　技术应用环境

BIM 技术应用无论在项目的哪个阶段或哪项应用，都需要一些基本的、共同的环境流程来作为支持。技术应用环境是保障 BIM 技术在项目顺利实施的基础，通过网络、软件、硬件环境的搭建配合，可以有效地实现 BIM 技术成果应用于现场施工与项目协同管理。

2.1.1 软件配置

本项目采用的主要软件有：Autodesk Revit 2014、Navisworks Manage 2014 、3D Studio Max、FUZOR2016、EBIM 管理平台 、VR 技术。

2.1.2 硬件配置

本项目的硬件配置如图 2、图 3 所示。

名称	型号
处理器	第四代智能英特尔®酷睿i7-4810MQ处理器
操作系统	Windows 7专业版64位(简体中文)
显示器	15.6英寸UltraSharp FHD(1920×1080)宽视角防眩光LED背光显示器
内存	16GB(2×4GB)1600MHz DDR3L
硬盘	256G固态盘
显卡	AMD FirePro M5100/NVIDIA Quadro K2100M

图 2 硬件配置

图 3 硬件配置

2.2 BIM 技术实施流程

本工程通过方案实施流程框架对项目 BIM 技术应用进行实施。方案实施流程（图 4）以工程项目全生命周期的设计阶段、施工阶段、运维管理阶段为主线。主要以施工阶段为重点，根据该阶段特点需求进行项目 BIM 技术应用研究。

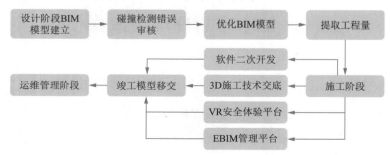

图 4 方案实施流程图

3 BIM 技术应用

3.1 BIM 技术应用背景

地铁作为目前国内缓解和改善交通紧张状况的主要途径，在我国有着良好的发展前景。修建地铁对于改善城市交通环境起到了不可忽视的作用，这也意味着我国的地铁还存在着很大的发展空间。受道路情况影响，在市区建造的地铁车站往往以地下站或半地下站为主，从空间上来讲，从上至下一般由结构顶板（地面层）、中板（站厅层）、底板（站台层）组成，而作为施工往往受到复杂地质、城市环境带来的巨大影响，对我们的施工组织管理提出了更大的挑战（图 5）。BIM 技术以其强大的五大优势，给我们的施工管理可以提供一个信息化管理平台。因此，通过 BIM 技术对吊装方案进行可视化场景搭建与分析，以可视化三维模拟进行施工计划协调，分析施工作业流程，达到降低施工组织难度、提高工作效率、节约成本、增加工程进度控制力度的目标。

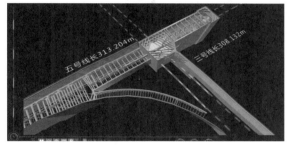

图 5　月湖公园北站主体结构示意图

3.2 技术应用内容

3.2.1 BIM 技术常规应用

（1）图纸问题审核

在 BIM 技术应用前期，技术人员通过设计图纸，搭建场地模型。根据设计规范要求进行图纸审核可视化分析，发现一期中板至顶板部分框架柱高程设计有误、3 号出入口楼梯与平台无法连接等问题。利用 BIM 技术，获取设计存在问题，向设计院提出答疑报告（图 6~图 9）。

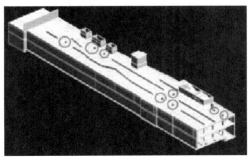

图 6　一期中板至顶板部分框架柱结构图

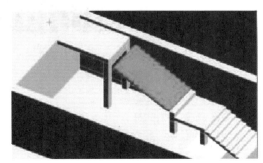

图 7　3 号出入口 3D 结构图

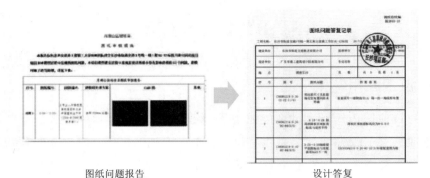

图纸问题报告   设计答复

图 8　提出图纸审核报告

图 9　变更后模型

（2）安装碰撞优化

通过 BIM 建模，实现结构与预埋件的碰撞检查，模拟施工，汇总施工中出现的问题，对存在问题召开研讨会，采用 BIM 可视化演示，提前制订解决措施，并交底于现场施工人员，并为后续二维码技术应用提供数据信息（图 10、图 11）。

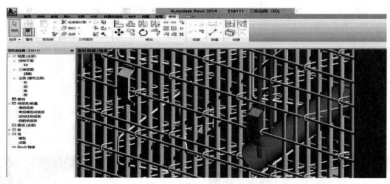

图 10　碰撞检测演示图

经过碰撞优化后，解决了所有碰撞问题，精确定位锚索位置，提高了施工质量。

（3）可视化指导施工

① VR 技术使用

通过 VR 技术实现动态漫游，让施工人员更为直观地感受施工场景，视频中画面处于主体底板的位置，呈现在我们面前的是混凝土支撑、腰梁及格构柱等构件，充分展示了各个构件的空间关系（图 12），为施工人员提前处理好工作面布置提供指导，解决了施工交叉作业频繁的难题。

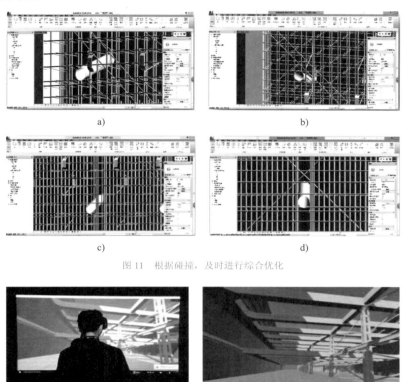

a)   b)

c)   d)

图 11   根据碰撞，及时进行综合优化

图 12   利用 VR 技术获得沉浸式体验

为确保施工全过程分析的可行性，技术人员对所能涉及的现场场景全部进行场布建模。在通过模型进行方案分析的同时，可以通过 VR、区域截图、图形剖切分析等技术，使施工人员提前熟悉现场状况，并对可能出现的安全隐患进行预估，制订专门解决方案。

②二维码技术使用

在现场管理过程中，利用 EBIM 平台，将工程概况、技术交底、操作规程、构件信息等内容制作成二维码，粘贴于施工操作区，现场管理人员与施工操作人员可以通过手机扫描二维码，随时查询相关要求。具体操作流程如图 13 所示。

图 13　二维码技术使用流程

二维码形成了一座沟通的桥梁，将书面与口头的信息利用网络传达到了每一个施工人员，其可多次重复扫描的优点，丰富了施工管理的沟通手段，提高了现场管理的效率。

（4）施工管理应用

①提取材料量、做好成本控制

利用建好的 BIM 模型，快速提取工程量，生成材料量清单，为各专业材料量确定、成本核算以及成本控制带来便利。通过总量核对、错漏详查的方法，及时纠正施工中的工程量误差（图 14）。

选择构件　　　　　　对应出量　　　　　寻出Excel量单　　　　数据分析

图 14　操作流程

②施工进度管理

通过施工进度模拟（图 15），可以直观地观察施工进度的实际情况，与现场实际对比，提高进度管理效率。

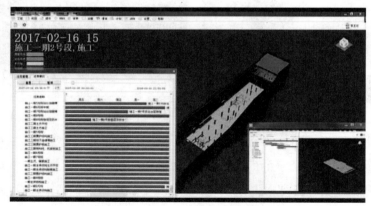

图 15　施工进度模拟

③施工安全管理

利用 EBIM 技术平台（图 16），责任分工对项目施工中安全、质量问题信息实时上传，管理者利用 BIM 平台，及时作出处理，提高工作效率。

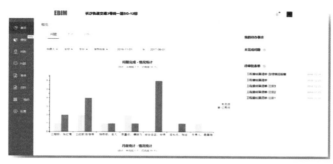

图 16   EBIM 技术在施工中的应用

④建立工程资料 BIM 数据库

利用 EBIM 技术平台，将工程资料与模型构件相关联，形成工程资料档案数据库（图 17）。在数据库中，可以快速搜索构件所有资料，为施工资料管理提供方便。

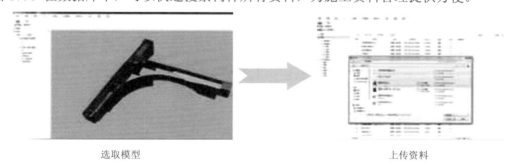

选取模型   上传资料

图 17   工程资料数据库建立流程

3.2.2   BIM 技术创新应用

（1）芯片技术应用研究

在此项目中我们首创性地将 EBIM 平台与
RFID 技术综合应用。通过在结构物中植入芯片（图 18），在后期的运维管理阶段为运维管理工作提取所需信息提供高效便捷途径。解决了因资料容易丢失而导致的后期质量安全追踪问题，为今后的智能化运维管理奠定了基础。

图 18   芯片技术应用示意图

相对传统方法，具有以下优点：

①数据的记忆容量大，可将相关文本、图片、语音、视频、模型等信息输入芯片。

②穿透性强，感应范围广，可将芯片与构件整体浇筑，达到无屏障读取信息的效果。

③抗污染能力强、耐久性好。

（2）下料软件开发

根据本工程钢筋用量大、预加工类型多等特点，基于 Revit 平台进行二次开发，创建钢筋模型系统，改进传统算法，优化组合钢筋下料问题，在确保钢筋准确下料的前提下使钢筋的利用率最高，以获得最佳经济效益（图19）。

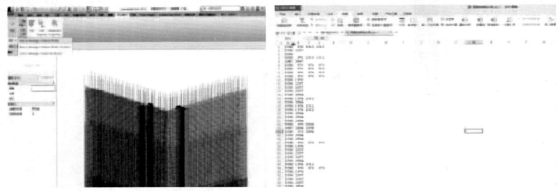

图19　Revit 平台二次开发钢筋下料

（3）VR 失重体验

结合本工程基坑深的特点，联合西安品智建筑科技有限公司开发了品智 VR 建筑施工技术交底平台，其安全体验功能具有强烈失重感，从而使施工人员提高了安全意识，最大程度避免了高处坠落事故的发生（图20）。

（4）技术应用分析

本项目 BIM 技术的应用，在施工安全、质量、进度管理方面取得了丰富的经验，提高了施工效率，降低了施工风险，由于 BIM 技术的介入，项目施工管理更加趋于精细化。提高施工技术优化与现场管理能力；提高施工组织能力，解决结构复杂、界面分散、专业多、技术管理困难等一系列影响施工进度问题，施工管理信息化能力得到了提高。

人员技术能力、人力资源组织以及施工的多专业协调效率明显提高，使项目管理组织能力以及物资管控能力明显提高（图21）。

在本项目，由于 BIM 技术的引入以及深入应用，共节约各项资金 228.67 万元左右，施工组织效率也明显得到了提高。

图20　成立 VR 体验室

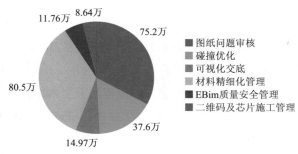

图21　BIM 技术应用产生的经济效益

BIM技术在厦门地铁1号线轨道工程施工中的应用

随着计算机技术和信息技术的不断发展，工程建设行业新技术应用与信息化管理需求不断增强。以三维数字技术为基础的 BIM 技术因为其对建筑工程项目各种相关信息的高度集成，在地铁建设项目中得到了广泛的推广应用。

但是，现阶段地铁 BIM 技术应用大多还集中于土建结构、装修工程、站内通风和给排水工程。在地铁轨道安装工程中，国内相关案例极少。为此，本工程根据项目实际需要，针对地铁轨道工程 BIM 技术应用进行深入研究，以力求深入地将 BIM 技术应用于地铁轨道安装工程建设中。

1 工 程 概 况

1.1 项目简介

厦门地铁 1 号线总体呈南北走向，连接了思明区、湖里区、集美区等重要组团，是由本岛向北辐射形成跨海快速连接通道的骨干线路。地铁 1 号线为南北骨架线，构建本岛与集美片区快速跨海连接通道，并服务于岛内外火车站。厦门市轨道交通 1 号线一期工程线路长度为 30.3km，其中地下线 25.9km，地面线 1.6km，高架线 2.8km。共设置车站 24 座，其中 1 座高架站，其余均为地下站。全线设置车辆检修基地一座，主变电所两座，控制中心一座。

项目部所承建的施工范围：镇海路站至高崎站区间（K15+788）的正线、辅助线及高崎停车场出入场线，途径镇海路站、中山公园站、将军祠站、文灶站、湖滨东路站、莲坂站、莲湖路口站、吕厝站（换乘 2 号线）、城市广场站、塘边站、火炬园站（换乘 3 号线）、高殿站、高崎站，如图 1 所示。铺轨总长 31.007km，其中有缝线路长度为 1.693km，无缝线路长度为 29.314km；中等减振地段长度约 6.568km，高等减振地段长度约 0.944km，特殊减振地段长度约 3.401km；使用 60kg/m 钢轨 9 号单开道岔 17 组，其中普通单开道岔 11 组，减振垫单开道岔 5 组，钢弹簧浮置板单开道岔 1 组；60kg/m 钢轨 9 号交叉渡线 3 组，其中普通交叉渡线 2 组，减振垫交叉渡线 1 组。我公司主要承接了由镇

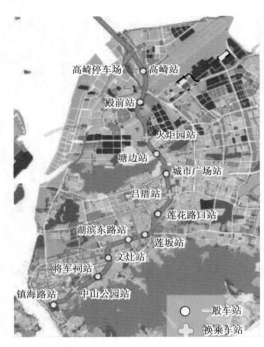

图 1　施工线路图

海路站至高崎站的铁路铺轨工作，并基于此线路展开 BIM 技术在厦门地铁 1 号线轨道工程施工中的应用。

1.2　技术应用背景

地铁轨道工程是土建及机电安装承上启下的关键工程。地铁轨道工程施工具有的特点：

（1）施工管理线路狭长、管理跨度大。

（2）线形控制难、施工精度高。

（3）道床类型多及轨道扣件繁杂、工程量计算复杂。

（4）作业面狭长且交叉作业多、施工组织难度大。

（5）过渡段结构复杂、施工要求高。

（6）安全风险大、质量标准等特点。

该特点给施工管理带来巨大挑战。目前管理模式大部分依靠传统的人工管理模式，信息沟通和协同管理手段落后，信息化程度低，与地铁高速发展不相匹配，尤其是基本的管理问题难以解决，如道床类型及轨道部件多，工程量人工统计耗时耗力，计算复杂、精确度低，造成材料提取困难，浪费严重，建设成本增加；现场轨行区交叉作业多，安全风险大，落后的管理手段无法实现可视化管理、协同管理、模拟建造等，不利于安全控制。采用信息技术构建地铁施工时间及空间模型，实现地铁施工现场"信息化、精细化"管理是时代发展的必然趋势。

我公司承建的承建的厦门地铁 1 号线轨道安装工程，首次采用 Revit 软件将 BIM 技术引入地铁轨道施工领域，实现集成地铁工程地理位置、周边建筑物、工程设计方案、施工工法、现场施工人员及机械行为等多因素，通过借鉴其他领域 BIM 技术应用的成功案例，实现了 BIM 技术在地铁铺轨施工中的成功应用。

1.3　工程特点

（1）铺轨基场场地狭小，施工组织难度大。

（2）土建结构及道床类型多，施工工艺复杂，工程量计算复杂。

（3）轨道工程为线性工程，作业面狭长，施工组织难度大。

（4）过渡段结构复杂、施工要求高。

1.4 软件介绍及应用情况

科研项目组采用 Revit 及 Navisworks 软件，对线路料、工装机具设备、不同道床形式及土建结构情况进行建模并进行现场模拟分析，三维动画模拟铺轨基地建设、普通道床施工及浮置板施工过程，如图 2~ 图 5 所示。

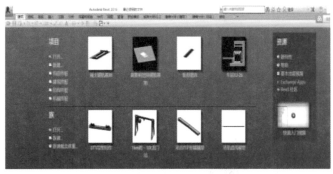

图 2   Revit 软件界面

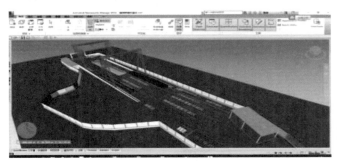

图 3   镇海路铺轨基地

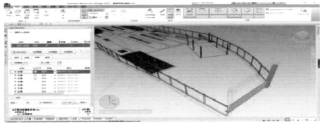

图 4   高集铺轨基地

图 5   钢弹簧浮置板道床模型

2　BIM 应用情况

2.1　夯实基础，建立族库

　　采用 Revit 软件对钢轨、扣配件、轨枕、道岔、工装设备、铺轨小吊、平板车及轨道车等地铁轨道施工中常用的材料工装设备进行建模并形成族库，为后续轨道工程 BIM 技术应用及推广奠定了基础（图 6~ 图 12）。由于线路太长，模型体积太大，所以对于实现全线的建模还难以实现，所以只能做标段，添加一定的参数，这样就可以根据自己的需要随时调整，不必重复建模。

图 6　钢轨模型　　　　　图 7　长轨枕及扣件模型　　　　　图 8　短轨枕及扣件模型

图 9　架轨工装模型　　　　　　　　　　图 10　铺轨小吊模型

图 11　轨道车模型　　　　　　　　图 12　PD25 平板车模型

2.2　三维图纸会审

　　地铁轨道具有设计类型多、轨道部件繁杂、预埋管线多的特点，尤其是减振道床，设计结构复杂，钢筋密集，二维图纸给图纸审核、工程量计算、专业交叉碰撞检查等带来很大难度。为了保证铺轨施工的准确、精细性，首次将 Revit 建模软件应用于铺轨施工中。在项目开工前期，项目管理方监督施工方用设计院提供的全套施工图纸（图 13）来进行建立模型工作（图 14）。这样基于模型的多专业设计图纸校核，在正式施工前消除了施工图上"错、漏、碰"问题的及时处理，除避免在正式施工的时候发生怠工、返工等现象以及杜绝产生废料等情况的发生，也提高了工程质量，避免工期和成本的浪费，同时也提高了一次性安装的合格率，如图 13、图 14 所示，应用 BIM 技术效果见表 1。

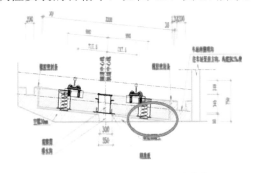

图 13　浮置板道床设计图纸断面（尺寸单位：mm）

图 14　浮置板模型横断面

项目 BIM 技术应用效果与传统方式效益分析表　　　　　　　　　　　表 1

项　　　目	数　　　量	与传统作业方式比较节约的比例(%)
节约机械费用（万元）	7.3 万元 /1km	13.00
缩短工期（天）	10 天 /km	23.00
节省的建造费用总额（万元）	24.09 万元	0.12

2.3　优化场地布置

针对厦门地铁岛内铺轨基场场地狭小，施工组织难度大的特点，创建铺轨基地三维模型，对基地运输通道、大门位置、下料口、材料堆放区、轨排拼装区、钢筋加工棚、库房及龙门式起重机等设备设施空间位置清晰直观展现，预先检查空间位置冲突碰撞等问题，以及通过漫游核实基地布置是否合理，如图 15 所示。

图 15　高集铺轨基地现场照片

2.4 三维模拟，优化方案

利用 BIM 三维模型特点，能更快、更好地使学习者掌握工程项目所涉及的新技术、新工艺。通过 BIM 技术，可以全方位、多角度展示工程现场施工、工程管理现状及工程运营情况。项目通过 Autodesk Navisworks 强大的施工仿真能力，制作各施工工艺流程、要点，制作轨排安装、轨排施工等工艺的动态仿真，并加入人员操作模拟、机械设备运动机构模拟，包括对人的手部动作、工具使用、视野模拟、机械设备结构尺寸、运动机构模拟等内容，完整反映出了地铁施工工艺工法，输出视频。后期配上文字说话和录音讲解，形成可以用于指导现场施工的工艺动画。针对不同道床形式及土建结构情况分别建模，同时结合工装机械设备等实际情况，进行施工现场模拟分析，确定工装机械设备配置方案，提前找出冲突点并优化方案，确保施工顺利进行，如图 16~ 图 18 所示。

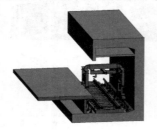

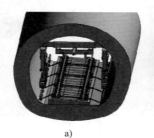

a)   b)

图 16 车站地段工况模拟   图 17 马蹄形地段工况模拟

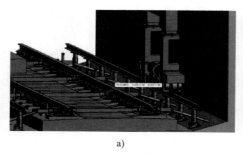

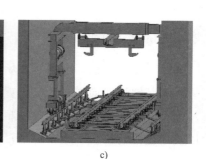

a)   b)   c)

图 18 矩形地段工况模拟

2.5 三维技术交底，提升交底效果

BIM 技术通过对现场施工多维度、多视角进行现场三维交底，突破了办公室会议交底的空间限制，交底内容详尽、针对性强、具有可操作性、表达方式通俗易懂。这种技术交底方式不仅提高了工作效率，同时保证了工程中的每道工序均能按设计规范及施工规范要求执行，避免了交叉作业混乱，保障了工程质量。

项目采用精细化模型、施工过程三维动画演示、虚拟漫游技术实现了铺轨基地建设过程模拟、轨排组装、钢弹簧浮置板钢筋笼组装、普通道床施工模拟、浮置板道床施工过程模拟，避免因交底不清楚，带来的窝工、材料浪费、返工及施工质量缺陷等问题，如图 19、图 20 所示。

a) 架立龙门架   b) 吊装轨排   c) 铺轨基地漫游

图 19　镇海路铺轨基地漫游

a)   b) 铺设门吊走行轨   c) 轨排运输

d) 轨排架设   e) 钢筋绑扎   f) 模板架立

g) 混凝土浇筑   h) 养护   i) 整体道床漫游

图 20　铺轨过程演示

3　BIM 技术应用效果及创新点

3.1　应用效果

（1）实现了"设计图纸三维会审，差错漏碰提前发现"。

（2）铺轨基地建模，优化场地布置。

（3）现场工况提前模拟，设备方案提前优化。

（4）施工过程模拟，三维技术交底，提高了项目精细化管理水平。

（5）工装机具设备准备工作更加充分，为项目节省成本约 24 万元，缩短工期 33 天。

3.2 创新点

（1）首次将 Revit 软件成功应用于地铁铺轨施工，实现了轨道设计优化、施工过程模拟、三维技术交底、工程信息查询及提取、进度管理等，提高了项目信息化、精细化管理水平。

（2）将铺轨施工的二维信息（图纸信息）转化为三维实体模型，通过错漏碰缺检查，实现图纸二次深化设计。

（3）通过 BIM 建模对地铁铺轨设备进行设计优化，自主研发的"地铁施工用高度及跨度可调式轨道铺设机"获国家发明专利（专利号：ZL2014 1 0032699.X），如图 21 所示。

图 21 新型铺轨小吊及专利证书

4 人才培养

项目针对现场 BIM 技术人员缺少、技术力量薄弱等现状，先后派遣 8 名工程、机械、物资人员参加全国 BIM 技能等级考试培训，全部通过考试，同时项目部邀请专业培训机构到项目培训（图 22）。

a)   b)

图 22 BIM 技术培训

5   BIM 技术推广

公司将在南京宁溧线、杭州地铁 2 号线二期、北京地铁 8 号线、西安地铁 4 号线、广州地铁 8 号线、广州地铁 14 号线等铺轨施工中深入推广应用 BIM 技术成果，如图 23 所示。

a)   b)

c)   d)

图 23   成型道床

BIM技术在半明半盖明暗挖结合地铁车站土建施工中的应用

随着 BIM 技术的出现，可以通过三维形式将建筑项目各项参数、细节清晰地呈现出来。

BIM 引入到地铁项目对提高设计生产率，减少设计返工，减少施工中曲解设计意图乃至提高地铁建设的整体水平具有积极的意义。在项目施工组织和技术成本控制中达到精细化管理，能够大大提高整体管理水平。

1　施工单位及项目简介

1.1　施工单位介绍

中铁一局广州分公司为中铁一局集团有限公司在华南地区设置的直属分公司，主营广东省、海南省、贵州省、西藏自治区。施工领域主要包括地铁、城际轨道、高速公路、市政、有轨电车、环保、房建等领域，截至 2016 年底，累计中标额 400 多亿元，已完工和在建项目达 128 多个，累计完成产值 260 多亿元（图 1）。

a)　　　　　　　　　b)　　　　　　　　　c)

图 1　施工单位介绍

本公司在超高层建筑、地铁深基坑、超深连续墙、盖挖逆作及浅埋暗挖隧道下穿既有线、复杂地质条件下的长大隧道、桥梁深水基础、高桥墩、连续钢构、大跨度悬灌及钢箱梁、移动模架施工、高烟囱、大跨度屋面钢网架安装等方面取得了优异的成绩，连续三年荣获股份公司三级施工企业 20 强。

1.2　项目简介

广州市轨道交通八号线北延段工程【施工 1 标】土建工程包括一站两区间，一站为华林寺站，两区间为文化公园站—华林寺站区间和华林寺站—陈家祠站区间，均位于广州市中心繁华老城区地段。

本项目主要将 BIM 技术应用在车站中。华林寺站为广州市轨道交通八号线北延段工程的首个车站，车站全长 186m，明暗结合四层结构。明挖段基坑长为 82m，主基坑宽 39.7m，深 31.48m，外挂段段深 16.4m，宽 19.2 ～ 11m，其中主基坑 23.3m 为盖挖区域。暗挖段总长 104m，共有 2 个横向联络通道和 2 个活塞风道，两个活塞风井，如图 2 所示。其位于康王路与长寿西路交叉路口，施工须多次倒边，场地狭小，为受到周边环境的制约因素多、施工协调要求高、施工难度大、安全风险高的车站。

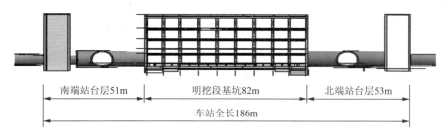

图 2　华林寺站立面示意图

2　BIM 应用目的及内容

2.1　BIM 应用目的

本工程为半明半盖明暗挖结合车站，施工工法复杂。且位于广州市老城区的十字路口，施工前期须一次性将五大专业管线迁出基坑外围，施工多次倒边施工，施工场地狭小、施工受到周边环境的制约因素多，施工协调要求极高。为加强本工程项目施工精细化管理，提高管理效率，特运用 BIM 信息技术为施工过程管理服务（图 3）。

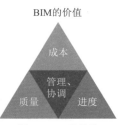

图 3　BIM 的价值

为了更好地运用 BIM 技术特成立 BIM 小组，对本项目进行 BIM 技术应用研究，探索出一套适合半明半盖、明暗挖结合车站施工的 BIM 管理模式。同时为以后进一步运用 BIM 技术应用于类似工程积累经验。

2.2 BIM 应用内容

2.2.1 BIM 模型建立与维护

准确的 BIM 模型是 BIM 技术应用的基础。BIM 小组根据施工图设计的二维 CAD 图纸，在熟悉各专业设计图纸及构件布置原则的基础上，采用 Revit 软件搭建模型。围护结构、主体结构、内部结构及土方模型同步进行搭建，完成后再进行链接，形成单体结构完整的模型，如图 4~ 图 11 所示。模型建立的过程其实就是图纸复核的过程，通过车站模型的建立，项目共发现图纸尺寸存在 60 余处问题，通过和设计沟通，及时进行了纠偏，有效地杜绝了施工时的返工及浪费。

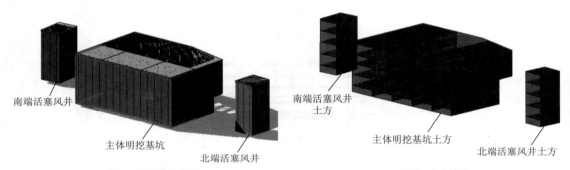

图 4　围护结构模型　　　　　　　　　　　图 5　土方模型

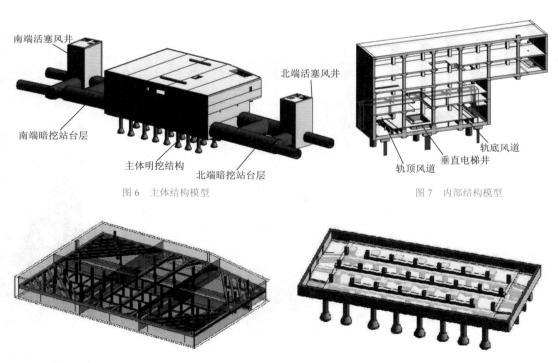

图 6　主体结构模型　　　　　　　　　　　图 7　内部结构模型

图 8　明挖段支撑腰梁　　　　　　　　　　图 9　明挖段站台层

图 10　暗挖站台层及活塞风道　　　　　　　　图 11　明挖段站厅层

2.2.2　图纸审查及技术交底

（1）图纸审查

利用 BIM 技术进行可视化图示审查，解决支撑与支撑之间、支撑与主体结构之间、主体结构与内部结构之间协调性问题（图 12、图 13）。

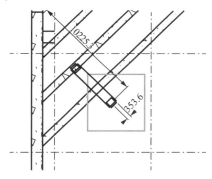

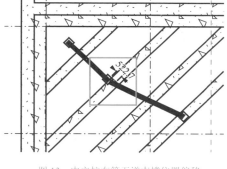

图 12　中立柱在第一道支撑位置符合要求　　　　图 13　中立柱在第五道支撑位置偏移

（2）三维图技术交底

直接使用模型对工程重难点部位，复杂节点部位等进行三维交底，通过对模型查看、旋转、剖切等操作可以快速地让技术人员对工程项目进行整体认识并达到沟通交流的目的（图 14、图 15）。

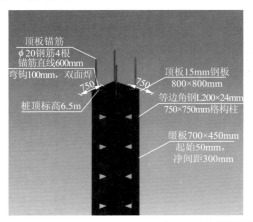

图 14　中立柱柱顶施工步骤一、步骤二

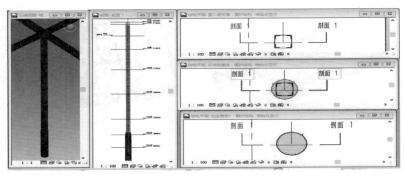

图 15 中立柱生成平剖面图

（3）三维视频技术交底

针对重难点、高风险作业工序采用三维视频技术交底，使施工人员能明确把控重点，增强风险意识（图 16、图 17）。

图 16 钢筋笼吊装视频技术交底（一）

图 17 钢筋笼吊装视频技术交底（二）

（4）漫游展示交底

针对工程重难点、复杂结构部位采用漫游展示进行交底，第一人称角度查看，形象生动（图 18、图 19）。

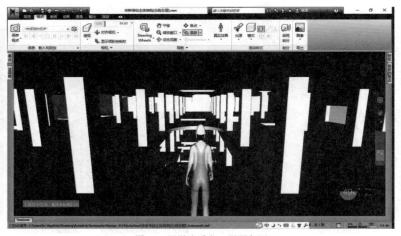

图 18 漫游查看负一层预留洞口

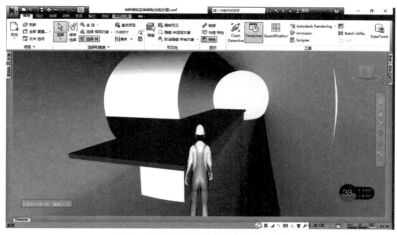

图 19 漫游查看暗挖段站台板及风道

2.2.3 三维形象进度模拟

利用模型图元过滤器，按照构件的属性，筛选已经完成的构件填充替换颜色，未施工的工程实体不替换颜色，让大家对工程的进展情况一目了然。三维视图模型中构件均带有设计及施工信息，可以直接选择构件进行查询，也可以直接提取相应的明细表，提取相应的信息（图 20）。

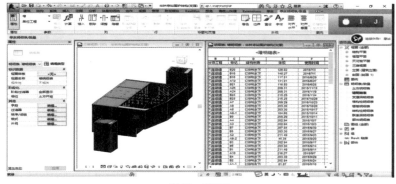

图 20 明细表

2.2.4 4D 施工进度模拟

通过将 BIM 模型与施工进度计划相链接，将空间信息与时间信息整合在一个可视的 4D（3D+Time）模型中，可以直观、精确地反映整个建筑的施工过程。施工模拟技术可以在项目建造过程中合理制订施工计划、4D 精确掌握施工进度、优化使用施工资源以及科学地进行场地布置，对整个工程的施工进度、资源和质量进行统一管理和控制，以缩短工期、降低成本、提高质量。

华林寺站项目采用施工进度模拟后，现场管理人员既对工序安排有了整体的认识，同时对现场的实际施工进度与计划进度有了形象的对比，及时地理清了影响施工进展的工序安排及资源配置问题（图 21）。

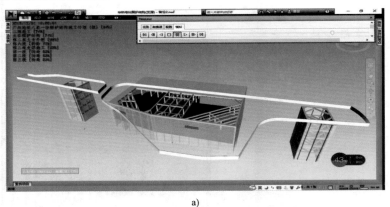

a)

b)

图 21　土方开挖进度模拟视点

2.2.5　工程量信息统计与原材料管理

（1）设计模型完成并审核通过后，按照施工方案进行模型调整（Revit），如图 22 所示。

（2）将同一时间施工的梁板柱等构件组成一个部件（Revit），如图 23 所示。

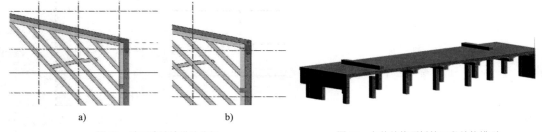

a)　　　　　　　　　　　　b)

图 22　地下连续墙设计分幅　　　　　　图 23　主体结构顶板第三段结构模型

（3）建立总体明细表，按照原材料管理系统的数据需求增减列项（Revit），如图 24 所示。

图 24　总体明细表

（4）建立总体明细表的同时，建立各个施工部件的明细表，方便施工过程中工程量统计（Revit），如图 25 所示。

（5）自主开发 Revit 数据导入小插件，快速实现批量编辑（Revit），如图 26 所示。

图 25　建立各个施工部件明细表

图 26　输出明细表

在应用过程中，Revit 软件明细表无法批量编辑，所以 BIM 小组基于软件本身进行二次开发，编写出一个小插件，使得在 Revit 文件中的明细表可以通过插件转换成 Excel 格式，实现批量编辑，数据导出导入，提高工作效率。

通过广联达 BIM 钢筋算量软件进行主体结构钢筋模型搭建、自动化汇总工程量，解决 Revit 钢筋算量效率低、耗费电脑配置高、计算规则不符合国内规范的问题（图 27）。

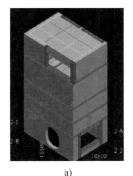

a)　　　　　　　　　　　　b)

图 27　钢筋模型

（6）搭建 BIM 钢筋模型（广联达）。

利用广联达 BIM 钢筋算量软件可以制作钢筋明细表，将各构件钢筋按照楼层统计、自动对模型钢筋总量进行统计、自动对钢筋接头进行统计等，如图 28 所示。

（7）将明细表统计工程量信息直接导入自己开发的原材料管理系统，如图 29 所示。

图 28　钢筋明细表　　　　　　　　　　图 29　原材料管理系统

2.2.6　临建施工 4 设计优化

利用 Revit 三维协调性、可视化、可出图等多项特点，对项目临建等临时工程使用 Revit 绘制和出图，更直观、更形象（图 30）。

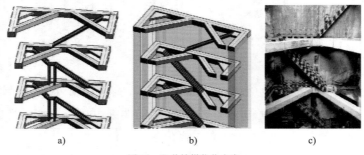

a)　　　　　　　　　　b)　　　　　　　　　　c)

图 30　风井楼梯优化方案

3　主要应用成果

3.1　结构施工图审核优化

审查并解决了支撑与主体结构、主体结构与内部结构协调性问题，将重难点细化，形成了以优化后模型为基础的施工平面图、剖面图，指导现场施工，如图 31、图 32 所示。对比常规的结构施工图纸审查工作，审图人员的素质常常决定了审图的质量。审图人员常常逐层、逐根梁、逐个洞口地反复审核，耗时长，工作强度大。利用 BIM 技术进行土建结构综合审查、优化，对参与土建综合审查、优化人员的专业经验要求不高，避免由于经验不足及考虑不全面等因素而产生的错漏。

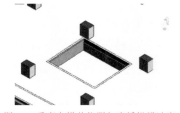
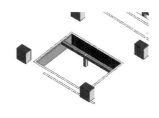

图 31   垂直电梯井位置与底板纵梁冲突   图 32   垂直电梯井与站台板纵梁冲突

通过现场施工校核，采用了 BIM 技术的审图在施工过程中实现了零返工，保证了工程工期，节约了工程成本。

3.2   方案优化、预防预控

采用 Navisworks 在实际建造之前对项目的施工方法及施工过程进行 4D 进度模拟，有利于施工方案的确定和优化。如盖挖部分的土方开挖，在考虑土方开过程中渣土车、挖机等机械在基坑内的运转情况，对比土方开挖不同的顺序优劣，从而选择更优的方案（图 33、图 34）。在施工时也可随时随地直观快速地比对计划与实际进展，分析差距和不合理性，从而再次优化，制订最优的方案。施工与模型的可视化对比亦使得施工方、监理方、业主方都对工程项目的问题和情况了如指掌。

图 33   土方开挖方案一：有北端向南端开挖

图 34   土方开挖方案二：由中间向两边开挖

3.3 直观的技术交底

常规的交底均基于 2D 的平面设计图，往往需要、平、立、剖三份图才能表达设计意图，对于非常复杂的节点，用二维图表达出来非常困难，对施工人员看图能力及空间想象能力要求比较高，往往一个施工班组中只有少数人员能够理解，而且在图纸进行阅读中，理解设计人员意图时，需要结合图纸与设计规范一起理解，很容易出现理解偏差，导致施工所做的成果不是设计师所希望的结果，由此引起的返工，给施工单位带来巨大的经济损失及管理麻烦。采用 3D 模型，施工之前对所有施工人员进行可视化的交底，施工人员能够直观地看清楚土建结构的布置情况，包括难点区域精度的把握，有助于施工人员在作业的细致、优化安排，更易于施工任务的落实及降低项目技术管理的难度，最终加强现场施工落实（图 35、图 36）。

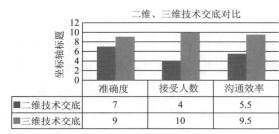

二维、三维技术交底对比	准确度	接受人数	沟通效率
二维技术交底	7	4	5.5
三维技术交底	9	10	9.5

图 35　二维、三维技术交底效果对比

图 36　钢筋笼吊装风险点交底

3.4 直观的现场检查

现场交底如图 37 所示。

a)

b)

图 37　现场交底

3.5 部门数据协同

搭建好的 BIM 模型，并根据施工阶段分段分区，总体工程量和各个施工阶段工程量都可由 BIM 生成。

BIM 生成工程量可以直接使用，也可导入原材料管理系统，对技术、物资、试验上数据的管理进行自动预警、分析。

BIM 技术协同了各部门工作，打破信息孤岛，减少部门之间协调困难带来的审核风险。

3.6　工程量管理

工程量管理内容如图 38 所示。

三、混凝土原材料

物资部	单位工程	分项工程	使用部位（编号）	砼等级	设计工程数量	浇灌土浇筑时间	实用数量	碎石1	碎石2	碎石3	砂	水泥	粉煤灰	减水剂
				A		t1	m	M1	M2	M3	M4	M5	M6	M7
Mn	进场时间	材料名称规格	进场数量	批号	委托单编号	试验内容	试验时间	试验结果	使用部位	理论数量	使用数量		量差	试验报告单编号
	t2		g				t3			Mn	g1			
试验室	进场时间	材料名称规格	试验委托单编号	试验内容	试验时间	试验结果	代表数量	试验报告单编号						
	t2				t3		g							

条件：∑g1≥Mn　g≥g1　t2≥t3≥t1
颜色与部门颜色对应，表明该数据是从相关部门导入的

图 38　工程量管理内容

（1）三个部门数据：共享。

（2）指定数量冲突规则：实用数量 > 设计数量，量差百分比在损耗率范围之内。否则页面均以红色标识。

（3）指定减水剂时间冲突规则：浇筑日期晚于试验日期 7 天。否则页面均以红色标识。

（4）指定水泥时间冲突规则：浇筑日期晚于试验日期 4d。否则页面均以红色标识。

冲突规则如图 39 所示。

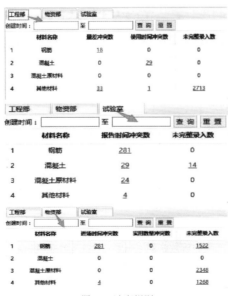

图 39　冲突规则

3.7 移动工具的运用

搭建好的模型同步到 Autodesk 360 Glue 云服务平台，原材料管理平台运行在项目部组建的云平台上，在 IPA 等移动工具随时随地可以打开进行三维查看，调用原材料管理系统中的数据，进行施工指导、核查比对、质量检查，实现对施工现场的"走动式管理"，如图 40 所示。

图 40　移动工具的运用

4　总结与展望

4.1 经济效益

根据设计图纸进行围护结构、主体结构、内部结构搭建，发现结构不协调的地方 30 多处；根据土方施工模拟，进行土方开挖施工方案的优化，将每天 500m³ 的出土量提升到 1000 方，BIM 应用给项目部节约由于返工成本 30 余万元，土方方案优化节约工期 100 天，结余土方开挖抢工成本 20 余万元，取得良好的经济效益。

4.2 社会效益

本项目将 BIM 技术首次应用在半明半盖明暗挖结合地铁土建工程施工中，并取得了好评。为复杂地铁车站工程积累施工经验和业绩，稳固品牌，为后续的地铁市场打好基础，赢得了良好的社会效益。

4.3　应用不足

地铁施工工序变化多，利用可视化功能进行场地随时间变化的场地布置模型需要比较多的时间和精力，应用难度大；数据管理仅限于工程量提取、原材料数据管理，与安全管理、风险管理结合较少；广联达 BIM 钢筋算量软件难以对基坑围护结构工程进行建模，只能应用在主体结构上。

4.4　应用展望

计划在往后施工中，土方开挖施工模拟加入机械设备运转系统，利用 Revitbus 等免费族库，完善明细表，优化钢筋模型，应用云计算平台，完善数据管理，满足施工管理越来越精细的要求，发挥更大的效益。

第三部分

BIM在其他建筑工程中的应用

BIM在天津周大福金融中心工程施工中的应用

1 工程概况

1.1 项目简介

天津周大福金融中心项目位于天津经济技术开发区，总建筑面积 39 万 m^2，地上 100 层，地下四层，建筑总高度 530m，为滨海第一高。天津周大福项目外形设计优美，工程业态涵盖甲级办公、豪华公寓、超五星级酒店等多种业态，是滨海新区乃至天津市的地标性建筑（图 1）。项目由中国建筑第八工程局有限公司总承包施工，施工管理以 BIM 技术为纽带，集成建筑、混凝土结构、钢结构、机电安装、幕墙、精装修、电梯等多专业利用 BIM 平台进行协同工作，实现了全区域、全过程、全生命周期的 BIM 应用。

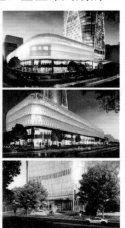

图 1　天津周大福项目效果图

1.2 工程技术特点

天津周大福金融中心集高新技术成果于一身，施工技术居世界领先水平，主要表现在：
（1）38h 完成 3.1 万 m^3 基础底板混凝土浇筑。

（2）使用 3200t·m 国内最大动臂塔式起重机。

（3）超高层物流通道塔＋悬挑施工电梯的"通天梯"垂直运输方式。

（4）自动分离式超高层垃圾运输。

（5）双管椭圆截面钢管柱单层扭曲 90°

（6）双圆管柱转不规则方形单管柱钢结构过渡节点。

（7）LOD500 全员、全专业、全过程 BIM 应用。

（8）超高层泵送废料零排放。

（9）智能顶升平台全方位监测。

（10）全专业、全方位、全过程总承包管理。

（11）518m 超高层高速施工电梯滑触线整体应用。

2 工程难点分析

（1）整体平台设计及塔式起重机布置难度大，塔楼核心筒经历 6 次缩角、收肢、分段收缩等变化后，整体平面收缩近半，项目结构形式如图 2 所示。外立面从 2 层开始逐渐变大，16 层达到最大，然后逐渐变小，16～51 层结构变化幅度较大，51～88 层只有微小变化，然后再逐渐变小。最大缩尺 12.688m，对施工电梯布置带来极大挑战。

（2）角柱、边柱、斜柱和带状桁架、帽桁架之间形成复杂的空间交汇体系，双管椭圆截面钢管柱单层扭曲角度复杂，勾勒出八条起伏的立面曲线。双圆管柱转不规则方形单管柱钢结构节点与双管空间异型双曲线相切钢结构节点均为国内首次设计。钢结构复杂节点如图 3 所示。

图 2　天津周大福金融中心

图 3　钢结构复杂节点示意图

（3）幕墙加工及施工难度大，项目幕墙系统主要由塔楼单元幕墙，避难层百页，塔冠框架玻璃幕墙，机电层、塔冠铝板幕墙、设备层及塔冠处电热融雪系统等组成，主塔楼单元板块数量约 14800 块，总幕墙面积约 11 万 m2。建筑外立面呈不规则曲面变化，单元板块种类繁多。

（4）协调管理难度大，工作面、分包众多。裙楼地上 5 层，塔楼地上 100 层、地下

4层、工作面众多。各工作面施工作业包含结构、砌体、幕墙、暖通、空调、给排水、消防、强电、弱电、精装修、擦窗机等专业，共有数十家分包。分包单位根据建设进程在各楼层、各工作面展开施工，各专业内工序多，各专业间交接频繁、相互依存、相互制约。如何实现各工作面施工的顺利进行、各专业穿插合理有序，避免分包管理和施工的混乱无序，实现对工期进度的实时把控、偏差分析及调整，是项目部面临的一个重大难题。

3 BIM 技术应用

周大福金融中心作为新技术应用的综合载体，将引领企业乃至行业的技术水平实现新的突破。面对新颖的曲面幕墙立面体系，巨型复杂的框架＋核心筒主体结构，分支系统庞杂的机电系统，如何合理安排进度计划？如何有效控制安全、质量、成本？如何将海量的施工信息有效传递给众多的项目参与方？如何进行二次深化设计，方案优化？所有问题的答案都指向带来建筑业第二次革命的 BIM 技术。

项目管理将以进度为主线、以计划为手段、以 BIM 为平台、以信息化为纽带（图4）。

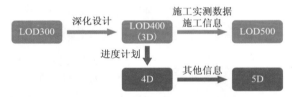

图4 "三全" BIM 应用技术程序图

3.1 全专业协同深化

施工阶段的专业深化是在原设计的基础上，细化设计深度、优化设计方案，让设计成果满足施工要求（图5）。而且在施工中要做好总承包管理，首先要做好设计协调和深化设计。

a)建筑模型　　b)结构模型　　c)钢结构模型　　d)机电模型　　e)幕墙模型

图5 各专业的 BIM 模型图

3.1.1 土建深化

对于复杂节点进行深化，对钢筋排布进行碰撞优化（图6）。

a)大截面"T"形组合柱钢筋

b)地板钢筋排布优化

c)Revit/Tekla三维模型

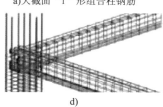
d)

e)节点深化出图

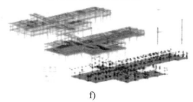
f)

图6 土建专业模型深化

3.1.2 机电专业深化

针对各专业交叉碰撞的地方，总包不定期组织业主、顾问、分包在 BIM 协同工作室对设计问题进行沟通，利用 Revit 可视化协调进行设计方案调整，这种方案的调整有时候是机电专业管线路调整，有时候是机电系统优化，也常常涉及建筑、结构的配合调整。基于 LOD400 模型，在总包的组织下，各方对模型进行验收，诸如机电管线综合排布美观性、合理性，幕墙的节点做法，电梯与结构的搭接等。待各专业间碰撞问题基本协调完成后，利用 Revit 的可出图性将模型转换为二维图纸用于指导现场施工，最终实现了现场的零返工。图 7 为机电管线深化设计的成果。

a)排管模型

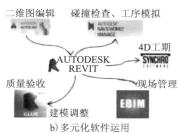
b)多元化软件运用

c)云端中心服务器

d)综合模型漫游确认
e)机电BIM协同工作室

图7 机电专业模型深化

3.1.3 幕墙专业深化

本工程塔楼从下至上一直在变化，每一层的外轮廓都不同，导致每一层幕墙面板的尺寸均有一些差异。导致幕墙玻璃的加工、运输和安装的难度加大，成本增加。

幕墙深化设计遇到的第一个难题是幕墙建模，因为概念设计单位只提供了幕墙的外立面效果图和板块控制点数据，如果采用普通的方式进行建模，100 层的建模需要很长的时间，而且进度也很难保障。项目利用 Dynamo 插件读取控制点数据自动参数化建模，提高了建模效率也确保了建模的精度（图 8）。

 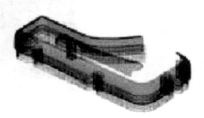

a) 自动生成幕墙表皮模型

b) 深化幕墙单元板块

c) 幕墙设计效果

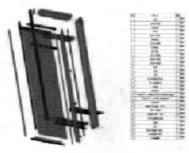 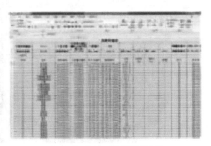

d) 幕墙单元板块图　　　　　　　e) 生成加工装配明细表

图　8

f) 模型导入数控机床

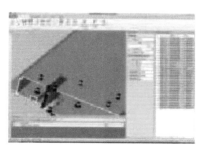
g) 自动拾取加工特征

h) 加工模拟，确定刀具

i) 预支加工

图 8　利用 Dynamo 快速创建幕墙模型

为了降低成本、提高施工效率，在保证外立面的基础上利用 BIM 技术对板块进行了优化，把尺寸相差在 ±4mm 以内的玻璃板块进行归类。塔楼幕墙玻璃规格原有 6652 种，优化后缩减至 3308 种，显著提高玻璃的工业化加工率。优化区域如图 9 所示。

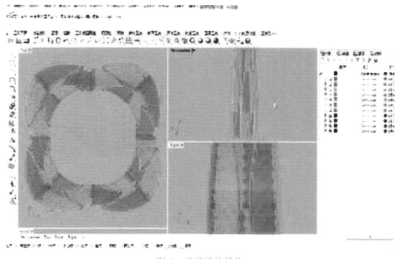

图 9　玻璃板块优化

3.2　多专业的协调管理

机电工程管线综合完成后，进行二次结构的留洞深化设计（图 10）。在 Revit 的基础上二次开发墙体自动的留洞插件，快速实现管道的留洞，并能导出二维的施工图，指导现场的砌筑施工。实现了一墙一图、照图施工的工作模式，避免后期墙体开洞。

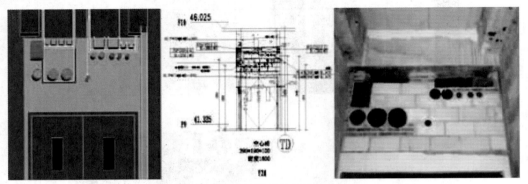

图 10　二次结构墙体留洞

3.3　方案模拟

工程重难点方案依托模型进行虚拟施工验证（图 11）。

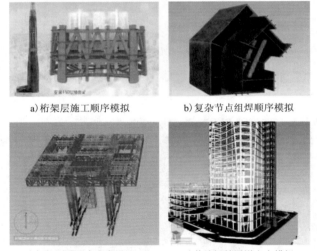

a) 桁架层施工顺序模拟　　b) 复杂节点组焊顺序模拟

c) 智能顶升平台方案设计　　d) 物流运输通道方案模拟

图 11　工程重点方案模拟

3.4　三维激光扫描

专业间工作面移交时，常常由于质量检查确认工作不到位，后续单位开始施工后又对前面工序施工质量提出质疑，双方产生纠纷导致工期延误、施工质量不可控。为避免发生此类纠纷，周大福项目采用三维激光扫描仪进行质量检查，维护各方的利益，确保工程顺利地实施。图 12 为外框钢结构扫描碰撞应用现场。

外框钢结构完工后,在项目独创的可伸缩悬挑式扫描仪支架的帮助下,对钢结构的安装逐层扫描,得到点云数据后和设计模型对比分析并产生报告。幕墙单位认可钢结构的施工质量后,确认工作面移交。

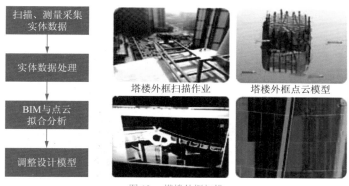

图 12　塔楼外框扫描

3.5　放线机器人

模型作为施工图纸,导入放线机器人(图 13)后自动放线,大大地解放了劳动力,并且统一了各专业放线定位标准及精度,显著地提高工作效率。

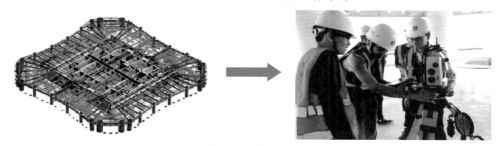

图 13　放线机器人

3.6　虚拟现实

搭建与现场安全设施、环境及精装设计方案完全一致的 BIM 模型,真实感受现场环境和精装设计效果,实现安全体验和方案优选(图 14)。

a)

b)

c)

图 14　虚拟现实融合应用

3.7 二维码物料追踪技术

基于 LOD400 高精度模型，通过模型构建 ID 创建唯一的二维码，所有现场具有二维码的构件可快速定位模型位置（图 15）。

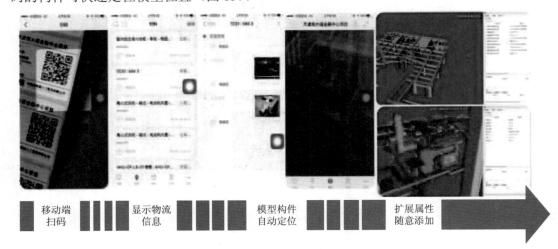

移动端　　　　显示物流　　　　模型构件　　　　扩展属性
扫码　　　　　信息　　　　　　自动定位　　　　随意添加

图 15　二维码物料追踪

3.8 BIM 轻量化技术

Revit 模型快速轻量化，同步至项目云平台，平台模型大小为原模型的 1/6，方便上传和下载浏览，便于全员应用（图 16）。

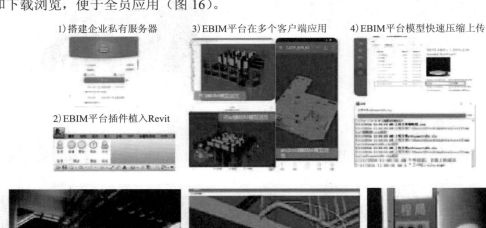

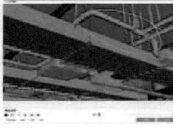

图 16　模型轻量化技术

3.9　BIM 协同管理平台

　　项目搭建基于 BIM 技术的协同管理平台，BIM 模型统一上传至云端服务器，并通过二维码将 BIM 模型与施工数据进行关联。参建各方通过管理平台，可以随时随地的获得最新 BIM 数据和施工信息，实现数据信息的协同共享。应用场景如图 17 所示。

项目联合研发总承包EBIM协同管理平台，将材料设备从订货直至竣工移交各个阶段进行实时状态更新，加强物流信息追踪能力，提升项目精细化管控水平，为最终移交LOD500模型奠定坚实基础。

1)物流状态跟踪统计　　　　　　　　　　　　　4)物流信息状态查询便捷

2)物流状态模板自由定制　3)物流信息状态现场实时更新　5)裙楼屋顶各专业物流状态跟踪

在项目管理平台中建立项目管理体系，项目参建各方根据角色分工拥有不同的管理权限。通过创建话题的形式，对工程整体的进度、质量、安全等工作进行实时交流、管控。

图 17　云端多人协同管理

　　管理人员通过手机、IPAD 等移动端，实现模型信息查询、问题标注与协同、现场拍照反馈问题等功能。

　　通过扫码定位设备或构件在模型中的位置，在设备或构件出厂、运输、进场收货、现场安装、分部分项验收过程中，均可对构件物流信息进行更新，并在平台整体模型中通过不同颜色显示不同物流状态，提升项目精细化管控水平，为最终移交 LOD500 模型奠定坚实基础。

　　在项目管理平台中建立项目管理体系，项目参建各方根据角色分工拥有不同的管理权限。通过创建话题的形式，对工程整体的进度、质量、安全等工作进行实时交流、管控。

4 关键施工技术创新应用

4.1 深基坑关键施工技术

4.1.1 基坑分仓同步实施

塔楼区域"环形支撑、岛式开挖",裙楼区域"对撑盖挖、同步换撑",临时分隔地连墙"超前转换、整体拆除",有效控制基坑变形(图18)。

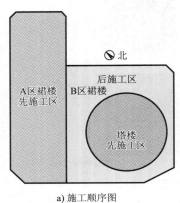 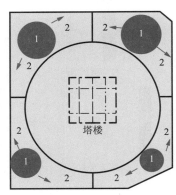

a) 施工顺序图　　　　　b) 塔楼岛式开挖示意图　　　　　c) 裙房对称盖挖开挖示意图

图18　基坑支护分仓同步实施

4.1.2 基坑渗漏控制

通过 ECR 检测技术(围护结构电流场与渗流场联合渗漏探测分析仪及探测技术)可以准确地检测出基坑围护结构的缺陷,在基坑开挖前可以作出相应的处理措施和预防方案,避免基坑工程的渗漏水问题(图19)。针对检测出的渗漏点,本工程采用了 RJP 工艺进行加固(图20)。

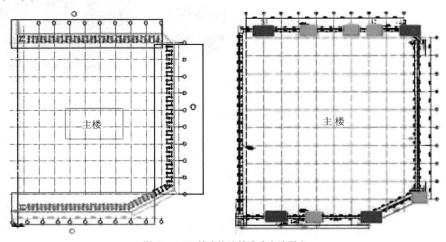

图19　ECR 技术快速精准确定渗漏点

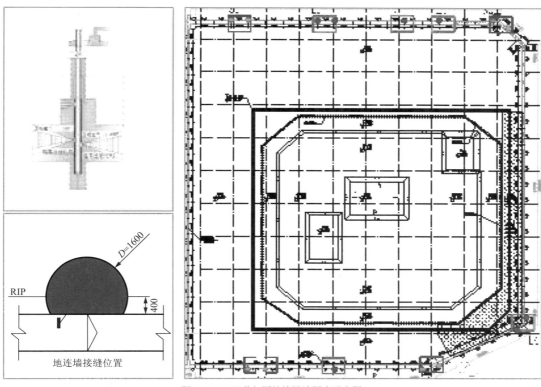

图 20 RJP 工艺加固地连墙渗漏点示意图

4.2 高强高性能混凝土施工技术

4.2.1 施工机具

（1）超高层拖泵：混凝土采用一泵到顶的施工方法，选用 HBT9050CH-5D 拖泵（图 21）。

图 21 超高层拖泵

（2）超高压泵管：采用直径 150mm、壁厚 12mm 的超厚耐磨输送管道，泵管连接处采用 O 形密封圈密封，提高压水洗的密封性（图 22）。

（3）布料机：塔楼核心筒混凝土施工采用 HGY21 液压混凝土布料机（图 23）。

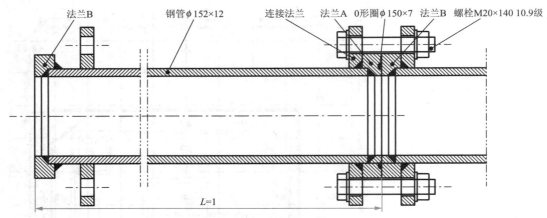

图 22　超高层压泵管

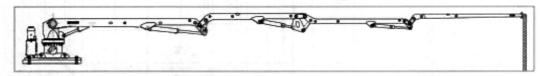

图 23　超高层布料机

4.2.2　超高泵送

盘管试验模拟千米级超高泵送，如图 24 所示。

图 24　盘管试验现场

4.2.3　泵送施工

钢管柱混凝土顶升施工：顶升高度按钢管柱吊装单元分节确定，最高 6 层 /30m 顶升一次。单柱单次最大顶升量约 223m³。顶升孔及截止阀设置如图 25 所示。

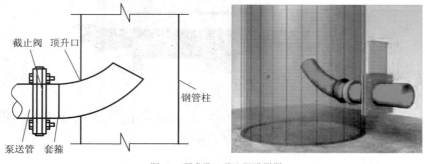

图 25　顶升孔、截止阀设置图

4.2.4　智能整体顶升平台

智能整体顶升平台如图 26 所示。

图 26　智能顶升平台

整体顶升平台系统由平台桁架系统、架体与围护系统、模板系统、液压顶升系统组成，如图 27 所示。

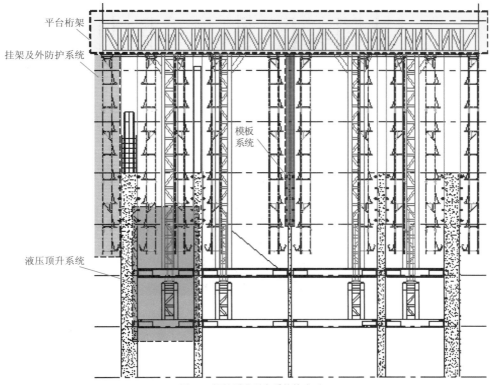

图 27　智能顶升平台系统构成

4.2.5 无线喷淋及保温养护

平台桁架周围安装多个喷淋头，通过喷洒水雾降低整体平台周围环境温度。同时将桁架层水箱内的水引至最下两步挂架，并沿墙体均匀布置多个喷淋头，通过喷水对墙体进行保湿养护。考虑到喷淋养护操作的便利性，采用无线控制提高操作便利性，如图 28 所示。

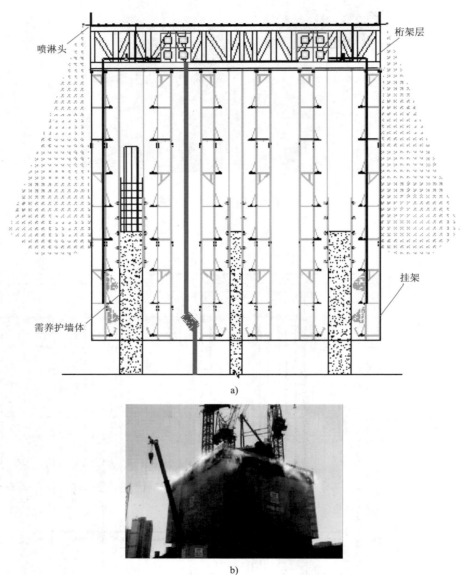

图 28　无线喷淋和养护技术

4.2.6 混凝土墙体保温措施

冬季施工前在钢模板背楞间增设阻燃岩棉板，并在钢模板外表面封一层白铁皮，同时在钢模板底部下挂保温棉被，可同模板同步进行提升，如图 29 所示。

a) 保温挂于钢模板下部   b) 墙体保温效果

图 29　混凝土保温措施

4.3　垂直运输技术

塔楼配备：1 台 ZSL3200、1 台 ZSL1700、2 台 ZSL750。ZSL3200 是目前房建领域最大塔式起重机，最大起重量达到 100t（图 30）。

采用中低区在主体结构外侧布置施工电梯、高区在核心筒外侧设置悬挑施工电梯的方案（图 31）。

本项目是全国首次全部采用滑触线的 500m 以上超高层项目，避免了电缆损坏坠落等安全隐患的发生，有效控制了超高电压降，减轻了施工电梯重量，提高了施工电梯的使用效率，保证了工期（图 32）。

图 30　塔楼

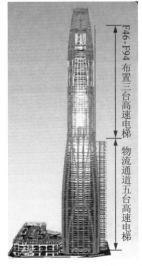

图 31　施工电梯设置   图 32　滑触线

4.4 钢结构复杂节点施工技术

利用 BIM 技术，直观、高效地指导钢结构构件和复杂节点的加工、制作、安装（图 33）。

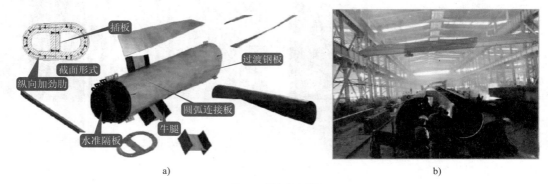

图 33　复杂节点制作

F47M 层 -F48 层双圆管转异型组合箱型柱，下部为直径 2200mm 的圆管和异型圆管构件，通过类似"天圆地方"的节点转换为箱形后再次组合，如图 34、图 35 所示。

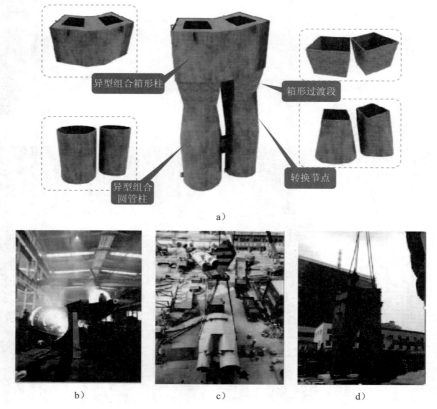

图 34　双圆管转异型组合箱形柱

在角框柱由CFT柱转变为SRC柱过程中，F51～F52截面最复杂。为保证内部所有焊缝均可焊接，将外部箱型壁板预留操作孔。现场完成内部焊缝的焊接、探伤后，拼装外部预留箱型壁板。

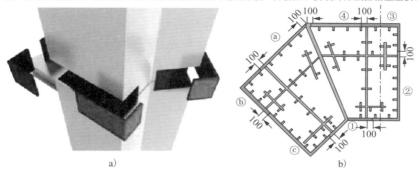

图 35　CFT 柱转变为 SRC 柱

异型组合箱型—钢骨柱转换位于 F51—F52，内部为两个不规则 T 型钢组成的钢骨柱，外部为两个不规则箱型。截面形式复杂，内部结构纵横交错，制作难度大。制作过程必须合理计划装配焊接顺序，保证焊接操作空间，如图 36 所示。

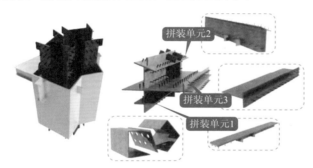

图 36　异型组合箱型—钢骨柱

异型组合劲性柱由两个不规则 T 形柱和中间连接缀板组合而成，位于 F52—F73 角部。主要零部件包括倾斜翼缘的 H 型钢和 T 形钢组成的柱本体和两根 T 形柱之间的连接缀板、水平加劲板、水平隔板、牛腿等，如图 37 所示。

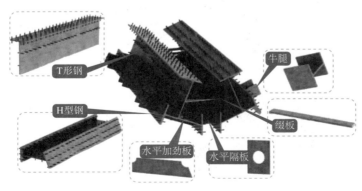

图 37　异型组合劲性柱

4.5 机电安装关键技术

本项目机电划分为暖通空调专业、给排水专业、电气专业、智能化专业、消防专业、高压电等六大专业，近百个能够独立运行的机电系统（图38）。塔楼共有 24 个机电层，地下室设置高低压配电室、发电机房、锅炉房、制冷机房、安保控制室、消防泵房、给水及中水泵房等大型设备机房。

待模型通过各方验收后，总包对模型进行封存，并同步下发各单位进行施工图绘制，做到综合模型、综合管线图（CSD图）、各专业施工图三者一致。

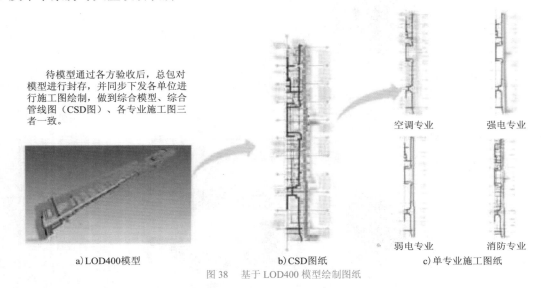

a) LOD400模型　　　　　　　b) CSD图纸　　　　　c) 单专业施工图纸

图 38　基于 LOD400 模型绘制图纸

项目组建机电 BIM 协同工作室，将业主、顾问、项目各施工方设计团队纳入日常设计协调工作中，由总包统筹，各专业分包协同作业，利用 BIM 技术进行机电专业"虚拟施工、过程管控、阶段验收"。

项目始终坚持 BIM 指导施工的理念，利用手持移动设备进行工程过程验收，对现场施工与模型不一致地方进行及时纠偏，最终实现现场与模型 100% 一致性（图39）。

a) 地下室验收　　　　　　　b) 塔楼验收

图 39　阶段验收

4.6　超高层测量技术

一方面，超高层的测量利用放线机器人对复杂管线支吊架进行准确定位，确保测量精度，提高施工作业效率；另一方面，利用高精度水准仪及全站仪对混凝土结构、钢结构施工过程中的变形等数据进行采集，进一步结合数值分析，总结超高层建筑结构混凝土弹性模量变化、徐变及收缩规律，有针对性地采取可靠的调控补偿措施，并为超高层建筑的设计与施工提供实测数据（图 40、图 41）。

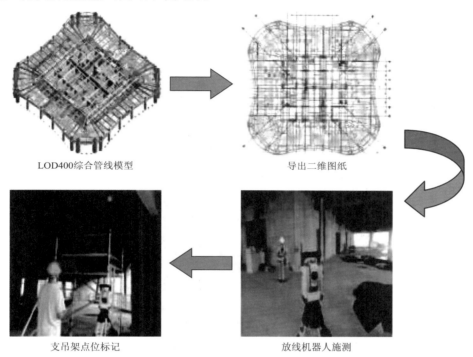

图 40　超高层建筑结构竖向变形差及调控技术

图 41　变形数据采集、分析

5 结 语

周大福金融中心项目一开始就确立采取"总包主导、统筹分包、辐射相关方"的 BIM 应用模式和全员、全专业、全过程的"三全 BIM 应用思路",努力在建筑全生命周期实现"设计零变更、加工高精度、现场零存储、施工零返工、运维低成本"的目标。通过 BIM 协同平台,建立了新的协作机制,现场进度、安全、质量问题及时协调、有效管控,信息沟通效率和准确性大幅度提升。2017 年 12 月,在美国拉斯维加斯举行的"全球 AU 大师汇暨 2017 年 AEC Excellence Awards"(全球工程建设行业卓越奖)颁奖盛典上,中建八局天津周大福金融中心项目(图 42)摘得施工组桂冠,这是中国区参赛作品首次获得一等奖,创造了历史。

图 42 工程实景

彩虹钢结构工程项目管理信息化建设

1　工　程　概　况

中国电子咸阳彩虹第 8.6 代液晶面板生产线项目包括 ACF 和 OC 两个主厂房（图 1），均采用钢框架结构，建筑面积 64.85 万 m^2。土建总体工期 300 天，钢结构安装工期 100 天。管桩总长 31 万延米，钢结构总用钢量约 13.5 万 t，混凝土用量约 33.5 万 m^3。钢构件的运输总车次达 5600 车次，总运距达 616 万 km，现场消耗的焊丝总长 4.06 万 km，现场支撑架管投入量 7170km。

陕建集团组织七个二级公司参建，项目管理团队总人数达 832 人，高峰期工人总人数 7460 名。各类大型机械设备共 220 台套。钢构件加工组织了全国 8 家大型钢结构制造企业为本项目服务。

图 1　工程项目效果图

2　信息化建设的必要性

2.1　项目管理的重难点

面对这样一个工期超短的超级工程。一个个难题摆在了项目前期策划团队面前。

（1）项目部的人员来自不同的二级公司，如何让庞大的管理团队在短时间内磨合实现高效协作成为项目推进的首要难题。

（2）培训交底，80 人策划团队前期 2 个月对 832 人项目管理团队进行方案的交底，以及项目管理团队对 7460 名作业工人的交底都必须以最佳的效果在短时间内完成。

（3）沟通协调，本项目实际为大量资源的保障配备战，如果仅靠纸质联系单的签字传递无疑会消耗大量的时间，甚至会发生审批时间过长，这些严重违背了超短、大型工程对信息的时效性需求。

（4）钢构件异地加工数量多、运距长，如何深入到加工的各个环节及运输过程管控进度，也存在着巨大的困难。

2.2 信息化管理的必要性

无疑传统的项目管理模式（联系单、协调会、整改单、处罚单等）已不能满足本项目实施需求。策划团队尝试借鉴其他行业先进的管理手段，如"二维码""无人售票""ETC""大数据""云存储""移动端"。如何向其他行业学习利用好现有的互联网技术、BIM 技术、远程视频监控技术等并将其融入到施工管理中，提高过程中各项管理的信息化程度，已成为本项目成败的关键。

3 项目信息化建设的实施途径

3.1 沟通平台的统一

当前单使用微信、QQ、邮件、短信等社交方式进行工作沟通，会造成信息遗漏及延误。无法确认信息已读，无法确保信息的必达，又浪费时间。因此项目部需在统一管理平台上进行人力资源管理、沟通管理、资料管理、线上进行流程审批。

项目部最终以"钉钉"软件作为统一的信息化管理平台。即利用"钉钉"后台的组织机构，建立项目部人员的管理模型架构，线上审批附带信息自动流转于项目部的人与人之间。人与平台通过手机端移动端紧密连接。以"EBIM"软件作为项目钢结构 BIM 管理平台，以二维码为介质，项目管理人员通过移动端扫描二维码，实现对 BIM 模型信息的输入和读取，完成信息交互。

3.2 人力资源管理

在软件管理后台通过上传项目部人员通讯录，划分部门，确定上下级部门的管理层级，如图 2 所示。同时将项目部的岗位与人员实现关联，最终实现跨部门跨专业快速找人。

图 2　人力资源管理

3.3　考勤管理

使用线上结合移动端的考勤，员工可通过手机定位功能进行考勤打卡，同时考勤报表也可自动生成，如图 3 所示。大大节约了考勤员的工作时间。项目部还通过智能云考勤机对作业工人实行人脸识别考勤管理，规范了劳务用工管理。

3.4　沟通管理

项目部各部门群组沟通与管理后台组织机构的匹配，确保了群内均为企业员工，员工离职自动退出所有群组，如图 4 所示。同时支持聊天界面个人信息暗纹，防止截屏泄露信息，最大程度上保证了信息安全。其次是信息的必达，项目部的通知，消息发布可实现一键必达，系统会自动以电话、短信和应用内提醒三种方式提醒接收方，并且支持群发、显示已读未读。对未读人员可再次提醒，提高信息的沟通效率。

图 3　考勤管理　　　　　　　　　图 4　沟通管理

3.5　资料管理

对于项目的方案、图纸、深化设计图、各类报表进行分类上传至钉盘（图 5），即云端存储，一方面确保了资料的安全。另一方面专人维护，保证存储信息的最新性，确保云端存储最新版的图纸资料，这对多版本的图纸和变更管理尤为重要。项目部人员还可根据当前施工进度，对规范标准等工具类书籍资料进行上传。比如钢结构质量员在现场验收的时候就可从钉盘里查阅相关的标准、规范，快速准确。

图 5　资料管理

3.6 流程管理

线下审批耗时长，效率低。如果一个人不在现场，审批往往会因此停滞。项目部根据现场特点及管理路径，为项目部量身定制了诸多线上审批流程，如图 6 所示。像请假调休审批、采购审批、考察审批、钢构件放行单审批、合同审批等众多审批模板，覆盖了项目部日常管理的方方面面，施工过程中的审批流程基本上是线上完成。线上累计完成驻场日志填报 931 份；钢结构放行单 2545 份；采购审批 135 份；合同审批 48 份。

过程管理资料数据在管理后台得以很好的保存，如图 7 所示。这些资料对后续的类似项目具有重要的参考价值。

图 6　线上审批流程管理

a) 日志管理后台

b) 物料放行单——钢结构

c) 采购计划

d) 合同审批

图 7　过程管理及后台管控

3.7 计算机辅助设计及 BIM 应用

（1）本项目组织了近 80 人的深化设计团队，利用 BIM 软件 tekla 进行深化设计，利用 BIM 技术搭建的多用户协同服务器得以使 13.5 万 t 的深化设计在一个半月内完成，为项目的顺利实施奠定了基础。

（2）二维码作为连接 BIM 模型与施工现场的桥梁（图 8），云平台通过读取 BIM 信息完成对构件的追踪、状态更新，同时将现场信息反馈给 BIM 模型实现对构件安装、到场情况的实时反馈。以不同颜色直观反映每个构件当前的所属状态，如图 9 所示。

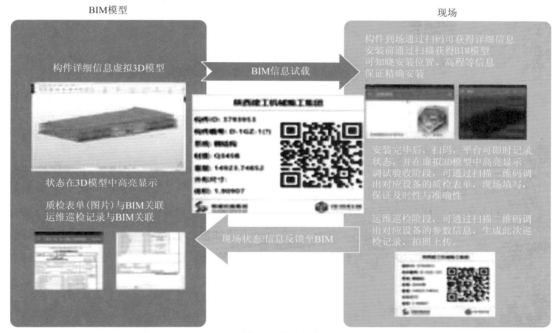

图 8　二维码应用

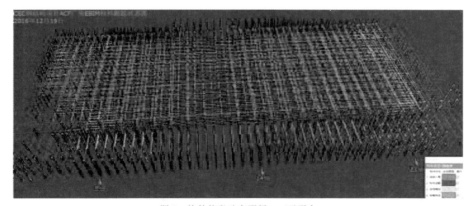

图 9　构件信息动态更新——云平台

（3）通过 4D 模拟建造技术，提前对项目的实施方案进行可视化模拟优化，形成虚拟建造视频实现对策划方案的预演和校对，如图 10 所示。同时在钉钉系统上进行发布，完成对项目管理团队、作业层的交底。大大节约了交底时间，缩短了磨合期。

图 10　可视化模拟优化

3.8　视频监控管理

（1）由于本项目占地广，体量大，工期超短，因此平面管控难度大。为了完整地记录项目整个施工过程，总共设置了 69 个监控摄像头。在本项目 3 号会议室放置了大屏显示器，如图 11 所示。相当于应急指挥中心，可以随时查看施工过程，进行现场实时的动态管理。

图 11　视频监控

（2）借助无人机的强大视角和空间无约束优势指导施工管理，为此设置无人机拍摄航线及固定拍摄点，如图 12 所示。以此获得每个时段现场人、材、机布置情况及形象进度，指导总平面动态管理。

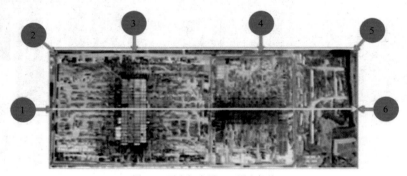

图 12　无人机应用——固定航线

3.9　应用集成

　　目前无法找到一整套适合施工企业的解决方案或软件平台。项目部专门成立了信息化管理部，以组合拳的方式完成对众多软件及信息的集成管理，如图 13 所示。以实现信息的快速传递，打破信息孤岛。在项目推进的过程中，针对实际需要不断修正方案，并根据各部门需求提供基于管理平台和 BIM 技术的解决方案，收到显著效果。

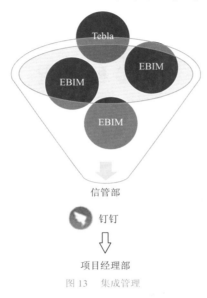

图 13　集成管理

4　结　　论

　　本项目钢结构工程于 2016 年 10 月 15 日开工，2017 年 1 月 10 日顺利封顶。通过各种信息化的应用实施，项目各项目标均顺利完成。通过本项目的研究，也使信息化的理念深入人心，集团众多公司已开始部署实施信息化建设。项目管理团队结合本项目的实施经验，借助项目实施过程中收集的大量资料数据进行分析，将对项目的信息化建设进行系统的总结，依托管理平台形成大型项目的信息化管理手册，最大程度上实现了对后续项目对本项目"经验"的传承。进而以项目级的信息化建设推动企业的信息化建设，使得数据真正成为企业的资产和竞争力。随着建筑业信息化的飞速发展，建筑业的蜕变就在不远的将来，做好企业的信息化建设无疑是达成这一目标的"快车道"。

BIM技术在西安市公安局业务技术用房及配套设施建设项目中的应用

1 工程概况

1.1 项目简介

图 1 项目效果图

西安市公安局业务技术用房及配套设施建设项目位于西安市北辰大道，凤城八路西北角，东侧临市政道路。1 号楼（2 号楼、3 号楼、4 号楼、5 号楼均为裙房）、6 号楼、7 号楼、8 号楼，除 3 号楼外均为公安局业务技术用房，3 号楼为配套设施（食堂），地下室一层，主要为地下车库和设备用房。总建筑面积约 17.6 万 m²。机电安装部分包括给排水工程、暖通工程、电气工程等。是西安市的重点建设项目（图 1）。

1.2 工程特点和难点

（1）土方开挖难度大。基础类型为 3 种，土方开挖标高共 12 种类型，最大高差为 2.35m（图 2）。

（2）外立面造型竖版复杂。原设计为石材幕墙外立面造型需要用混凝土以及加气块组合，最小短边长度 100mm 、最小角度 45° 支模困难（图 3）。

图 2 基础模型

图 3 外立面造型

（3）地下室车库净高较低。地下室最小净高为 1.82m 不能满足业主要求（图4）。

（4）地下室机房管线错综复杂，交叉点多，支架形式多。原设计机房排布集中在 1 号楼与 5 号楼交接区域，此区域集中配电机房以及冷冻机房，且有相互交叉点（图5）。

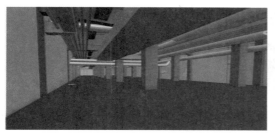
图 4　地下室模型

图 5　管线轴测图

2　BIM 实施流程及软硬件配置

BIM 实施流程如图 6 所示。

图 6　BIM 实施流程图

项目在实施过程中严格按照 BIM 策划书中的内容进行，策划书中主要包括 BIM 实施标准、实施计划、实施流程、应用点、模型整合、深化设计流程、出图流程以及模型更新等内容。项目配备 5 台图形工作站。1 台笔记本以及无人机 mavic pro 一台。硬件配置原则是满足应用即可不做过度配置。模型建立主要软件为 revit 2016，辅助软件为 navisworks、Magicad、BIM5D、Fuzor 等。

3　BIM 技术在西安市公安局项目中的应用

3.1　图纸会审

通过模型建立碰撞检查共发现图纸问题 126 处并将碰撞报告全部提交设计院（图7），经过设计复核（图7、图8）均已下发图纸变更单，有效地加快了项目实施进度，避免了因图纸问题带来的项目风险（图8）。

a) 图纸会审会议

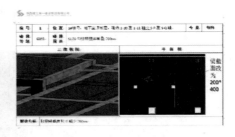

b) 模型碰撞报告

图 7　图纸会审

图 8　图纸答疑记录

3.2　场地布置

我们利用 Revit 对施工现场场地进行布置和规划做到科学规划、各功能区合理划分。充分考虑绿色施工与安全文明施工将现场临时用水、用电以及消防系统全部提前设计到场布模型中，（图9～图14），现场依据模型输出的 CAD 图实施，确保策划与实施一致。

图 9　过水池图

图 10　钢结构车棚图

图 11　八牌二图

图 12　实际效果图（一）

图 13　实际效果图（二）

图 14　实际效果图（三）

3.3　标准化安全防护实施

　　我公司标准化安全防护工具均采用 BIM 技术进行构件设计，使用探索者软件进行构件强度及稳定性计算（图 15、图 16）。经计算，构件强度达到要求后依据模型输出构件加工图，现场依据设计图进行构件加工及组装（图 17、图 18）。现场安全防护工具均依据标准化手册实施。

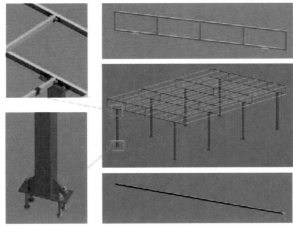

图 15　构件设计图

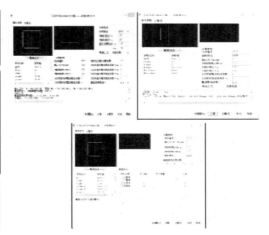

图 16　构件强度稳定性验算

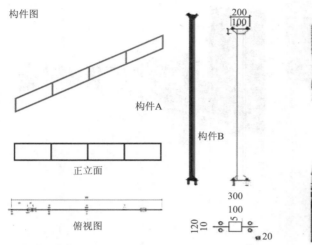

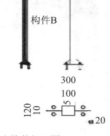

图17 计算满足输出构件加工图

图18 现场实施

3.4 土方开挖图纸深化设计

利用 BIM 技术进行土方开挖图纸深化设计，由于设计院蓝图不能满足现场施工需求并且与现场实际工程量有差距，因此我们对该部分进行了深化设计（图19、图20）。我们依据基础结构图创建土方开挖深化模型，由深化模型输出开挖深化图（图21），现场作业工人、管理人员均使用深化后的图纸进行施工，不但加快了工作效率也减小了项目风险，还为结算提供了准确的工程量（图22、图23）。

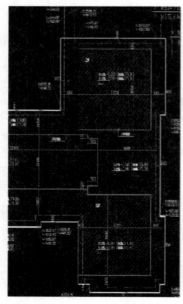

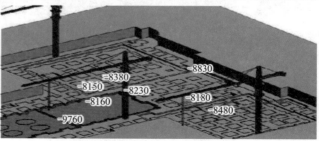

图19 原 CAD 图

图20 土方开挖深化模型

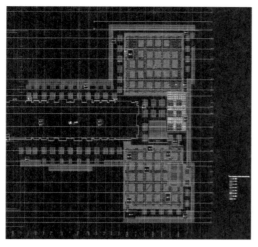

图 21 土方开挖深化图纸

图 22 BIM 技术交底会议

a)

b)

c)

d)

图 23 现场实施效果

3.5 综合管线应用技术

3.5.1 管线碰撞检测

我们将各机电各专业模型进行整合并进行专业间的碰撞检测，准确定位碰撞点，调整模型、消除碰撞（图 24、图 25）。并做出多种方案排布最后选择最优方案（图 26、图 27）。

图 24　调整前　　　　　　　　　图 25　调整后

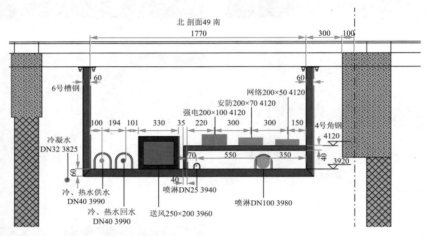

图 26　方案一

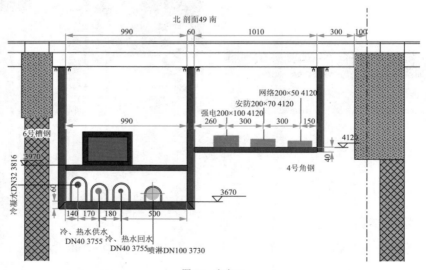

图 27　方案二

3.5.2 净高优化

通过 BIM 技术管道综合调整后地下室最小净高平均提升 0.7m，达到了预期的效果（图 28、图 29）。

图 28 调整前　　　　　　　　　　　　　　　　图 29 调整后

3.5.3 管井优化

水管井、电井内管道均经过模型（图 30、图 31）排布并输出 CAD 图指导施工。

图 30 水管井优化模型　　　　　图 31 强电间优化模型

3.6 机房深化设计

我们对生活水泵房、冷冻机房等进行了二次深化设计，在保证满足相关规范及现场施工要求的同时提高空间利用率，管线、设备排布有序。依据优化模型输出布置图指导现场施工（图 32 ～图 34）。

图 32 冷冻机房优化模型　　　　　图 33 生活水泵房优化模型

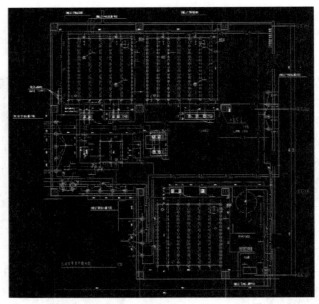

图 34　深化设计 CAD 图纸

3.7　质量管理平台应用

现场质量管理采用 BIM5D 管理平台中的质量模块实施。现场质量员采用手机端对现场发生的质量问题进行拍照并确定责任人。责任人在接收到相关信息后对现场进行整改，整改完毕后在移动端提交整改信息并发送至检查人手机上，检查人对整改问题进行复查，整改合格后关闭相关质量问题（图 35）。

图 35　整改后关闭通知

每周质量例会登录广联达云空间对项目质量问题情况进行分析（图 36），找出主要问题及矛盾并制订解决方案，在下一周例会检查实施效果，做到同样的问题不重复出现（图 37）。从而提高现场整体质量水平。

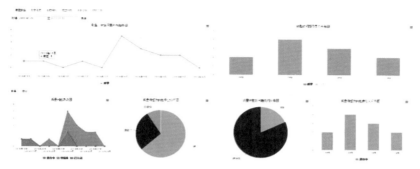

图 36　质量问题分布表

图 37　质量安全例会

3.8　预制装配式构建设计及安装顺序模拟

利用 BIM 技术进行预制装配式构件设计及安装模拟，针对项目提出的建筑外立面竖向线条难施工的问题，我们联合原设计单位采用 BIM 技术对该部分进行装配式构件二次设计以及安装顺序模拟（图 38 ～图 43）。

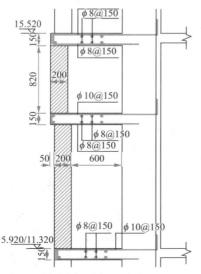

图 38　原设计剖面图（尺寸单位：mm）

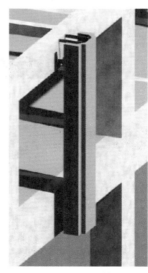

图 39　PC 构件模型

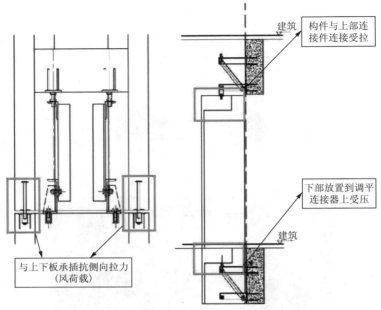

图 40　深化设计示意

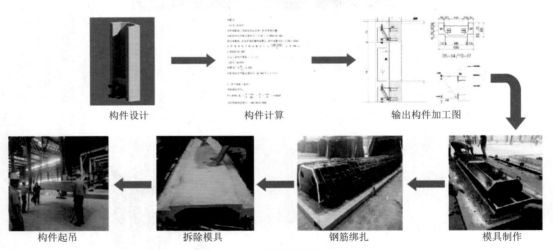

构件设计　　　　　　构件计算　　　　　　输出构件加工图

构件起吊　　　　拆除模具　　　　钢筋绑扎　　　　模具制作

图 41　构件加工流程

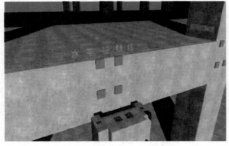

图 42　连接件安装模拟

图 43　挂板安装模拟

4 结　　语

通过 BIM 的应用解决了项目最初提出的一系列难点，帮助项目顺利进行。节约了项目资源的同时还加快了项目的实施效率。BIM 技术的实施需要针对项目的特点和需求点，这样才能让大家感觉到 BIM 技术对工作模式的改变和作用，才会更有生命力。

国瑞·西安金融中心项目BIM综合应用

中建三局作为中国建筑集团的排头兵，早在 2004 年就开始应用 BIM 技术并在项目中积极推广，率先成立 BIM 中心，开展 BIM 领域相关技术的研发工作，在机电设备智能化管理、BIM 信息模型交付、建造过程 4D、5D 模拟等技术的应用上，取得了一定的成果。同时作为中国 BIM 发展联盟唯一一家机电施工常务理事单位，主编了《机电施工 P-BIM 软件技术与信息交换标准》并参编《建筑信息模型应用统一标准》。

1 工程概况

1.1 项目简介

项目位于西安市高新区，紧邻城市主干道锦业路，总建筑面积 29 万 m^2，建筑高度 350m，由 4 层地下室、3 层裙楼、75 层塔楼组成，建成后将成为集智能办公、大型商业、餐饮娱乐于一体的甲级写字楼，届时成为西安城市地标性建筑（图 1）。

1.2 工程重点和难点

1.2.1 项目重点

（1）绿色建筑要求高。项目要满足节能降耗、四节一环保（节材、节水、节电、节地、环境保护）的绿色施工要求。

图 1 项目效果图

（2）质量安全要求高：西安地标性建筑，质量安全要求高于常规建筑。

（3）室内环境质量要求高。项目定位为高端写字楼，室内环境品质要求高。

1.2.2 项目难点

（1）工期紧。29 万 m^2 机电安装项目工期一年，工期节点要求高。

（2）专业多，管线复杂。集土建、钢构、幕墙、给排水、采暖、通风、弱电、消防等，各专业间相互交叉点较多，交叉面较广。

（3）工艺工序穿插。项目工期紧，劳务施工作业面交叉。

（4）超高层垂直运输。项目建筑高度 350m，属于超高层项目，人员及材料的垂直运输是项目施工的一大难点。

基于项目的重难点，项目采用 BIM 技术，提前解决问题，提高施工质量与安装速度。

2 BIM 组织与应用环境

2.1 BIM 应用目标

项目 BIM 应用定位于全生命周期应用，以解决项目实际问题为出发点，以深化设计为基础开展 BIM 工作，并致力于 BIM 技术创新应用。

2.2 团队组织及职责

BIM 工作，全员参与。由项目经理牵头，技术总工负责，BIM 负责人主导，各专业 BIM 工程师执行，团队实行计划及考核管理，全员互相监督，团结协作，以解决项目实际问题为出发点，服务项目为宗旨，致力于项目全生命周期的 BIM 应用，另有公司 BIM 中心支持项目 BIM 工作。

2.3 资源配置

项目配备高性能服务器作为主机，同时配备服务现场管理的各项工具。项目以 revit 作为核心软件，CAD、动画渲染软件、分析校核软件、现场管理软件等同时配备使用，全面辅助 BIM 各项应用。另有厂家族库、公司 BIM 素材库，公司 BIM 培训等资源支持。

3 BIM 应用

项目 BIM 应用的不同阶段，以满足不同需求，主要分为以下四个方面（图 2）：

（1）BIM 辅助深化设计；

（2）BIM 辅助现场管理；

（3）BIM 辅助商务管理；

（4）BIM 辅助运维管理。

前期的 BIM 策划是指导项目后期实施的基础，通过对模型建立标准的编制、项目 BIM 落地应用点的分析以及深化设计流程等来指导现场 BIM 应用（图 3 ～图 5）。

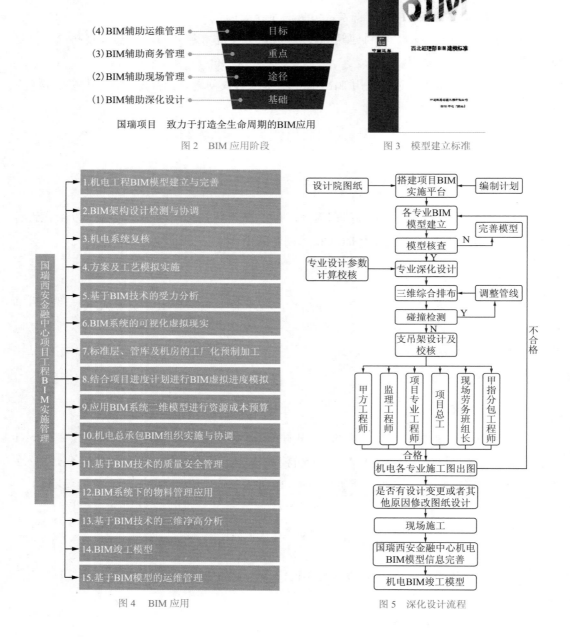

图2 BIM应用阶段　　　　　图3 模型建立标准

图4 BIM应用　　　　　图5 深化设计流程

3.1　BIM辅助深化设计

3.1.1　BIM基础建模

在基础建模时，对图纸方案进行分析，并对图纸问题及时记录，同时校核建筑结构模型，为后期工作做好保障。本项目开工之初，各专业 BIM 工程师进行精细化模型建立（图 6）。

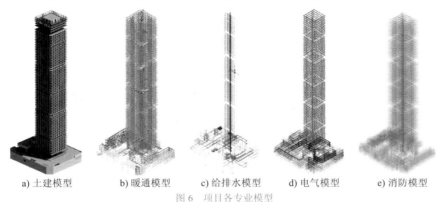

a) 土建模型　　b) 暖通模型　　c) 给排水模型　　d) 电气模型　　e) 消防模型

图 6　项目各专业模型

建模初期，对机电系统进行详细划分，按照设计说明对管材、连接方式等进行设置，对设备信息进行完善（图 7、图 8）。

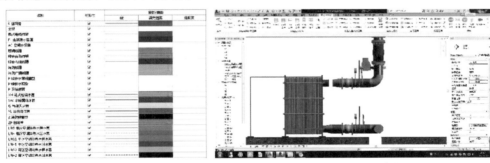

图 7　系统划分齐全　　　　　　　　　　　图 8　设备参数信息建立

3.1.2　BIM 综合排布

根据项目实际情况，以满足安装使用检修为主、满足业主净高要求为重点进行管线综合排布，并根据现场实测校核完善模型。在项目标准层的排布中，改变原有排布方案，做到易施工、易检修、省空间、整齐美观。例如：项目地下四层是功能区较多的一层，综合制冷机房、蓄冰间、换热间、车库等重要区域，在排布过程中，保证单层、双层车位净高，管线联合布置，保证通道管线整齐美观（图 9、图 10）。

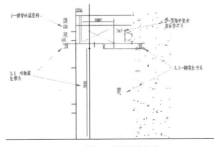

图 9　标准层方案　　　　　　　　　　图 10　地下室综合排布

3.1.3　过程分析校核

（1）净高分析：提前进行净高分析，对重难点区域进行商讨，国瑞项目标准层排布方案经过各方会审，最终办公区域净高提高了 20cm，走廊区域提高 10cm（图 11、图 12）。

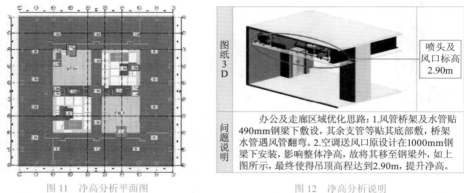

图 11　净高分析平面图　　　　　　　　　　图 12　净高分析说明

（2）CFD 室内环境模拟：通风空调空间的气流组织直接影响到通风空调效果，借助 CFD 可以预测仿真其中的空气分布详细情况，从而校核设计，指导修改（图 13）。

a)　　　　　　　　　　　　　　　　　　b)

图 13　CFD 室内温湿度环境模拟

针对国瑞项目 5A 级写字楼的标准，利用 Autodesk Simulation CFD 软件对办公层 5 层办公区域进行气流模拟分析，对原设计进行系统全面的仿真模拟，对空调系统设计方案进行全面复核。校核结果：平面、温度 26℃，速度介于 0~0.8m/s，满足人体舒适度要求。

（3）系统校核与调试模拟：利用 MagiCAD 对系统提前进行模拟校核，并获得阀门的模拟开度值，指导后期系统调试（图 14、图 15）。

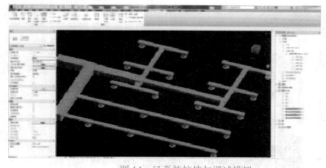
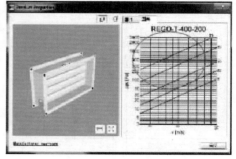

图 14　风系统校核与调试模拟　　　　　　　图 15　风口调试模拟开度值

项目裙房三层宴会厅属高端场所，基于高大空间的基础上，该区域采用圆形散流器作为送风末端，后期调试是否能满足空调通风的效果要求尤为重要，对此，提前进行模拟校核，及时解决问题。校核结果：结果显示满足要求，及时记录阀门开度值，为后期调试共组做准备。

（4）室内灯光模拟与校核：利用 DIAlux 软件及精准模型提前对设计进行模拟，确保方案的可行性及舒适性，降低能耗，并对灯光设计的优化提供参考依据，确保整个建筑环境的舒适、高效、节能（图16、图17）。

图 16　室内灯光模拟伪色图　　　　　　　　图 17　照度等值线图

本项目属于高端写字楼，应用灯光模拟软件提前对灯光进行分析校核，确保灯具选型、灯具布置等的正确合理性，提供舒适的照明环境。校核结果：经校核灯光分布均匀，工作面、地面、墙面等空间面符合照度要求，工作面满足 500lx 的灯光要求。

（5）支吊架受力分析：利用 soildworks 等应力分析软件来进行支架的受力校核，确保支架选型符合受力需求（图18、图19）。

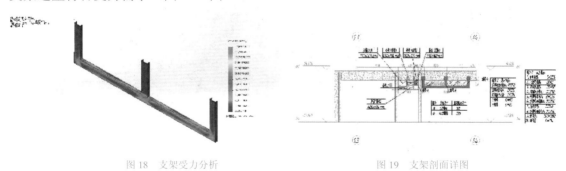

图 18　支架受力分析　　　　　　　　　　图 19　支架剖面详图

对项目地上标准层进行支吊架受力分析，确保大面积施工支架的稳定可靠。校核结果：在管线复杂，横担竖杆较多的联合支架处常常出现受力不均，增大型钢型号或加肋板加固，确保稳定性，提高施工质量。

3.1.4　深化设计出图

深化出图做到标准化、流程化，并打印成册交由业主审核（图20、图21）。

图 20　深化设计出图指导手册　　　　　　　　　图 21　BIM 深化图纸

3.2　BIM 辅助现场管理

可视化是 BIM 技术与传统 CAD 相比的一大特点。利用可视化这一特点可以直观展示复杂管线之间关系，对施工工序、施工方案进行模拟并对劳务班组进行可视化交底。BIM 技术来源于现场，凝结着众人的智慧，而最终目的还是为了指导施工，确保施工质量。所以，除传统 BIM 工作的深化设计外，在项目实施过程中采用一些新的软件和技术来辅助现场质量、安全管理，如：施工工序方案模拟、BIM360 现场可视化软件、BIM5D 质量安全管理手机端的使用等（图 22）。

a）　　　　　　　　　　　　　　　　　b）

图 22　BIM5D 质量安全管理手机端图及手机、iPad 等移动端

3.3　BIM 辅助商务管理

利用 BIM5D 平台完成物资管理、进度模拟、方案模拟、可视化交底、质量安全管理等工作（图 23）。

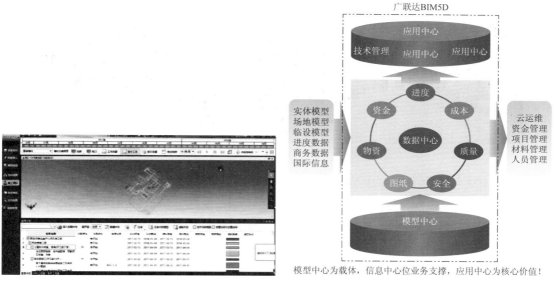

图 23　BIM5D 应用界面

3.4　BIM 辅助运维管理

完善竣工模型，为后期运维做准备：对模型参数进行细化并对设备参数信息模型与现场复核完善。运维系统平台是公司根据运维管理需求自制研发的一个平台，平台包含内容如图 24 所示，平台模型如图 25 所示。

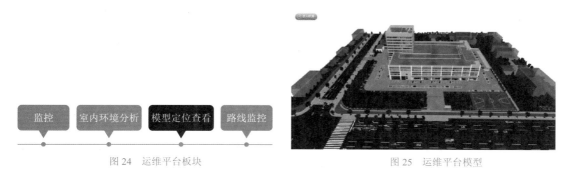

图 24　运维平台板块　　　　　　　　　图 25　运维平台模型

4　BIM 创新

4.1　机房整体预制装配

国瑞制冷机房面积 1200m²，共含制冷机组 6 台（4 台离心式 +2 台螺杆式）、板换 9台、水泵 46 台（14 台卧式 +32 立式）、投药装置 6 台、排气补水装置 1 台、软水装置 1 台。

制冷机房效果及模型如图 26、图 27 所示。

 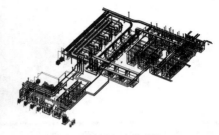

图 26 制冷机房效果图　　　　　　　　图 27 制冷机房模型图

基于 BIM 技术，充分考虑节能、运营等因素，设计出人性化、智能化、绿色节能的高精度机房模型，机房采用整体预制装配来节省工期，提高施工质量，满足业主的多元化需求，为业主提供增值服务。利用 BIM 技术，精细化建立模型，综合设计理念进行模块划分，出具工业级装配图纸在工厂对机房进行模块化预制，待施工条件具备后，将模块运输至现场进行装配（图 28）。

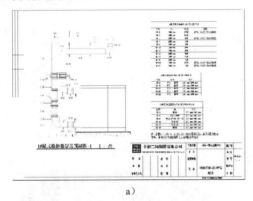 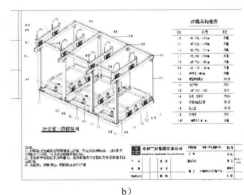

a)　　　　　　　　　　　　　　　　　　b)

图 28 预制装配图纸

4.2 管井整体吊装

超高层管井安装是一大难点，提前进行组合立管整体吊装方案设计，并对方案进行模拟（图 29），确保方案实施顺利可行，从而提高施工质量、节省工期。

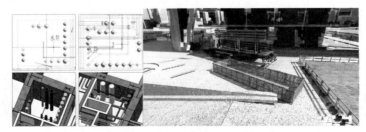

图 29 组合立管整体吊装方案模拟

4.3   超高层垂直运输

超高层项目物料运输与吊装是工期保障的关键，本项目设备、材料运输量大。为确保物料及时到位，结合物料数量、需到位时间、吊运设备能力、吊运路线统筹安排吊运计划。小型设备和材料利用施工电梯进行运输。大型设备和管道利用塔式起重机结合伸缩式卸料平台和专用吊笼，提前协调物料吊运至设备层等转运层。

本工程为超高层建筑，塔式起重机在正常情况下每次吊装运输时间较长。如何解决众多承包商材料垂直运输是重点及难点。随塔楼结构增高，施工电梯每次往返地面和作业层所花的时间较长，如何在有限时间内顺利将施工人员及设备材料运输到施工作业层是本工程的难点。其中需吊运至地下四层制冷机房的冷水机组重达 16.7t，运输难度大。利用 BIM 提前对设备吊装进行模拟（图 30），提出安全可行的吊装方案。

图 30   设备吊装模拟

5   总结与计划

5.1   BIM 解决的问题与价值

第一，辅助设计，服务现场；第二，专业协同，沟通顺畅；第三，分析校核，保证效果；第四，质量安全，重中之重。BIM 的出发点是解决项目实际问题，同时又带来潜在价值，在本项目中，以辅助设计、服务现场为基础，协同各专业，确保质量安全，同时为业主服务，进行各项增值服务。

5.2   后期计划

在后期的计划中，延续前期良好的 BIM 模式，同时在 BIM 创新上做突破，解决项目重难点问题，提高项目管理水平，致力于将 BIM 技术应用于项目全生命周期。

BIM助力发展大厦施工总承包精细化管理

1 工 程 概 况

1.1 项目简介

助力发展大厦是西安市浐灞生态区管委会重点投资的建设项目。项目采用钢筋混凝土核心筒混合结构，地下两层，地上十九层，建筑高度 85m，总建筑面积约 37750m²。工程设计包括电气、智能化、给排水、消防、中水、通风空调等系统。功能完善，智能化程度高，是一座集商业、办公、会议等功能为一体的现代化综合性公共建筑，设计效果如图 1 所示。2016 年初，该工程被陕西省 BIM 发展联盟评定为全省 BIM 应用试点项目。选择此类功能齐全的工程作为试点项目，对企业 BIM 在工程施工和管理中的运用及推广具有重要意义。

图 1　浐灞发展大厦效果图

1.2 工程特点和难点分析

1.2.1 工程特点

该工程机电安装技术要求高，深化设计工作量大，地下车库机械车位对标高要求高。

1.2.2 工程难点

（1）该工程是浐灞生态区的地标性建筑，技术要求高、质量要求严，须确保工程各类指标一次成优，达到国家优质工程"鲁班奖"要求。

（2）该工程紧邻周边建筑，开挖深度深，地下室设 3 层机械车位对标高要求苛刻，机电深化设计和安装工作量大，管线排布困难，各工种穿插作业面多。

（3）各功能用房分层布置，分布散，地下室及屋面设备多，设备规格尺寸较大，运输及安装难度大，安装对隔振降噪的要求较高。

2　BIM 组织与实施

2.1　BIM 技术背景

该项目工程量大、协同作业难度大、项目管理目标要求高且中标成本低、项目施工人员素质参差不齐。因此，项目科研团队将 BIM 技术与项目管理体系相融合，固化管理流程，最大限度降低因人为因素给项目管理带来的差异，实现项目管理同质化、精细化。

2.2　组织架构及软硬件配置

2016 年两家施工单位就发展大厦项目，联合组建了 BIM 技术管理团队，明确人员各项职责，并与具有丰富施工经验的现场专业技术人员进行分工合作。结合现场实际情况完成项目深化设计及应用研发，并由专业技术人员进行现场数据采集、模型校验及实施效果论证等工作。

为满足 BIM 实施需求，项目配备了 4 台图形工作站、2 台服务器及其他应用终端设备，并购置了各类常规办公软、硬件。

2.3　BIM 实施依据

项目科研团队依据集团公司编制的《BIM 模型构建标准》与《BIM 实施标准》，结合工程具体设计及施工特点编制项目《BIM 实施策划书》。统一了各类构件类型、命名规则及填充样式等，规定了管线九大避让原则及系统 RGB 值，完善项目所需各类族达 300 余个。保障了模型精度和 BIM 技术的顺利开展。

2.4　BIM 实施路线

以项目重难点分析结果及实际需求为导向，从企业应用清单中选取所需应用点，确保可给项目带来实际应用价值。

编制实施路线，理清 BIM 应用的整体思路、实施步骤。即依据总包管理体系，制订项目 BIM 总体实施流程，结合专业特点编制单项实施流程，严格按照建模流程、管线综合排布总体避让原则进行模型深化设计。依据出图流程及施工进度计划，细致划分施工各阶段出图节点。结合现场实际与施工流程，各相关责任人依据深化设计图纸组织施工。保障 BIM 技术在整个施工过程中落地应用。

3　BIM 综合应用

3.1　BIM 技术在土建施工中的应用

3.1.1　基于 BIM 技术的可建造分析

利用自行开发的 Revit 插件对原设计图纸进行可建造性分析，导出图纸会审记录表，报送设计院问题共 128 处。

3.1.2　土方平衡

根据地勘设计院提供的场地实际高程数据，将其导入 Revit 软件，利用 BIM 技术快速生成场地实际三维地形图。建立场地平整模型并进行场地平整模拟计算。通过 BIM 技术模拟两种土方开挖、倒运、回填平衡方案，然后对方案进行优化。以土方开挖量和回填量为例，经过实际计算，采用整体开挖方案（方案 A），需开挖土方量约为 72836m³，而采用分阶段开挖方案（方案 B），需开挖土方量约为 78826m³，采用 A 方案开挖土方量比 B 方案少约 6000m³。采用 A 方案需回填土方量约为 8112m³，而采用 B 方案需回填土方量约为 14106m³，采用 A 方案回填土方量比 B 方案少 6000m³，见表 1。所以 A 方案优于 B 方案，为项目在土方施工阶段降低成本约 40 万元。

两种方案的土方开挖和回填量对比表　　　　　　　　　　表 1

发展大厦项目土方分析	整体开挖（方案 A）	分阶段开挖（方案 B）
土方开挖量（m³）	72836	78826
土方回填量（m³）	8112	14106

3.1.3　施工场地布置

本工程南侧紧邻原有建筑，施工场地狭小，利用广联达场布软件模拟施工现场机械设备、物资料场、施工道路等布置情况，效果如图 2 所示。将现场分为 A、B 两个区，A 为主楼施工区，B 为材料加工区，实现人、材、机统一分配、动态管理。保障了施工场地的充分利用，有效地减少了材料的二次搬运。

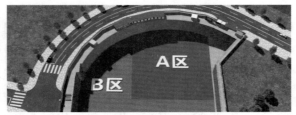

图 2　施工场地布置效果图

3.1.4　BIM 技术的其他应用

本项目在二次砌体排砖、模架租赁材料总量控制、异形幕墙深化及混凝土算量等施工环节采用 BIM 技术，得到了较好的应用效果，如图 3～图 5 所示。

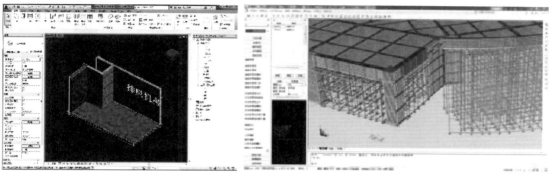

图 3　二次砌体排砖效果图　　　　　　　图 4　模架租赁材料总量控制效果图

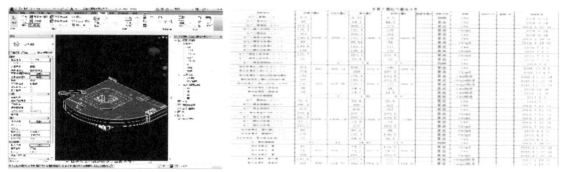

图 5　混凝土算量效果图

3.2　BIM 在机电工程施工中的应用

3.2.1　机电基础应用

采用 BIM 技术将机电模型与土建模型整合，进行各专业碰撞检测、机电管线综合排布、支吊架排布及施工可视化交底，效果如图 6～图 9 所示。

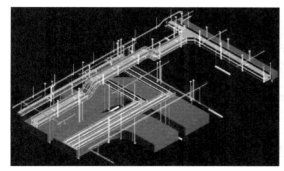

图 6　碰撞检测效果图　　　　　　　　　图 7　机电管线综合排布效果图

图 8　支吊架排布效果图

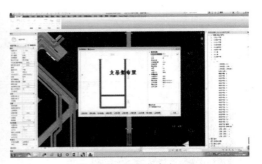

图 9　施工可视化交底

3.2.2　复杂部位的仿真模拟

施工模拟技术是一种先进行模拟，后进行实体建设的过程，利用 BIM 技术可直观模拟、展示关键工序施工过程及完成效果，如图 10、图 11 所示，我们将该技术带来的价值归纳为"做没有意外的施工"。

图 10　施工过程模拟

图 11　完成效果模拟

3.2.3　工厂化预制加工

将机房模型进行分段拆分，提取各构件、管段预制信息，出具预制加工图及相关料单，如图 12、图 13 所示。将加工图交至厂家预制生产，提前对非标长度管段进行切割、坡口和管段焊接。出厂时粘贴定位码，材料设备进场时，通过扫码将材料设备分类提前调运至相应楼层进行定位拼装，消防系统管道预拼装现场如图 14 所示，实现基于 BIM 技术的施工工法革新。

图 12　机房 BIM 模型

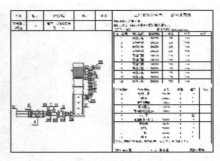

图 13　泵房预制加工表

图 14　消防系统管道预拼装现场图

3.3　BIM 技术在装饰装修施工中的应用

　　装饰装修模型与土建、机电模型整合，在 Fuzor 中与 VR 设备对接，带领各相关方随时查看模拟装修效果，为业主提供直观的装修方案对比，如图 15 所示。根据业主建议修改装修效果，直至业主满意。可减少或消除后期因装修方案改变而导致的返工，从而减少不必要的投资成本。

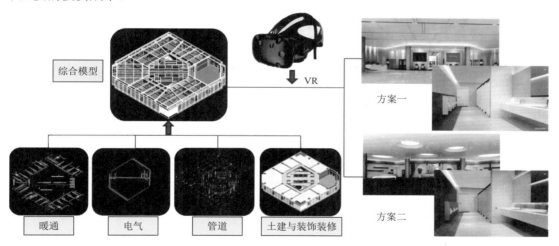

图 15　模拟装修效果图

4　创新点分析

4.1　放样机器人弧形墙体精准放样定位

　　将 BIM 模型导入 iPad 中，连接放样机器人，间隔 0.9m 定位放线，结果同步实测，数据直接返回到 BIM 模型中，校核模型是否与现场互相吻合。

4.2 地下室挡土墙单侧支模技术攻克

本项目地下室南侧车库挡土墙长 218.6m，且与基坑护坡设计距离仅有 23cm，无法采用常规支模施工，如图 16 所示。利用 BIM 技术建立地下室外墙模型，模拟单侧支模施工工艺（图 17），优化施工方案，精准定位排桩位置，最终将地下室外墙与护坡距离减小至 16cm，减少了混凝土胎模的厚度，共节约混凝土 153m³。同时还减少了打錾、修补费用，共计节约工期 8 天，节约成本 4.8 余万元。

图 16 挡土墙与基坑护坡实景图   图 17 单侧支模施工工艺模拟图

4.3 大面积支管穿梁控制

地下室层高 4.8m，局部层高 6.8m，最大梁 0.95m，机电管线错综复杂，并设有 2 层、局部 3 层机械车位。依建设单位要求，2 层机械车位安装净空不应小于 3.6m，3 层机械车位不应小于 5.6m，如图 18 和图 19 所示。在传统管道安装模式下如图 20 所示，自喷登高管长度达 1.15m，平均登高管长度达 0.93m，需设置竖向固定支架保证系统安全运行。而采用 BIM 技术模拟自喷支管穿梁布置，如图 21 所示，与传统施工工艺相比，减少管道交叉碰撞 100 余处，减少自喷登高管长度约 752m，减少支管固定支架角铁长度约 566m，节省管道支吊架制作及安装工时 10d，同时提高约 200mm 的可利用空间，从而满足了机械车位的安装要求。经各方认可，最终选择管道穿梁布置方案。

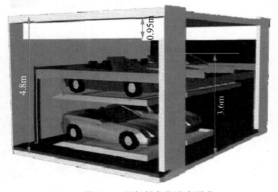 

图 18 2 层机械车位净空要求   图 19 3 层机械车位净空要求

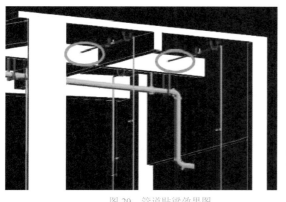 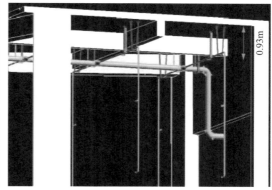

图 20　管道贴梁效果图　　　　　　　　　　　图 21　管道穿梁效果图

将深化模型报请设计单位校核后，输出深化设计图纸、预留套管定位图及加工清单，然后进行预制加工，整个流程如图 22 ～图 25 所示。

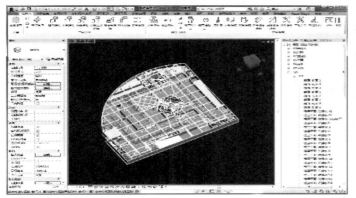 

图 22　综合排布效果图　　　　　　　　　　　图 23　深化设计审核

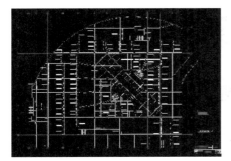 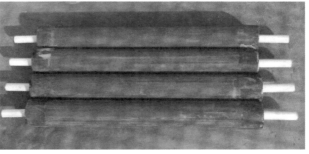

图 24　套管预留洞平面图　　　　　　　　　　图 25　套管预制加工效果图

因为管道穿梁设置，套管的预埋及封堵施工难度大。如果定位不准确、固定不牢靠、封堵不严密，会造成后期预埋套管无法使用或安装管道不同心，为保障支管穿梁工艺的顺利实施，项目部组织编制了《穿梁套管施工专项方案》，施工流程如图 26 所示，确保预留套管一次成型。

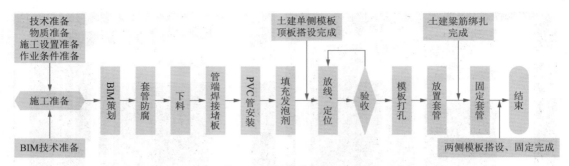

图 26　穿梁套管施工流程图

采用该穿梁套管施工工艺后，套管实际预埋施工如图 27 所示，套管实景图如图 28 所示。采用支管穿梁布置施工方案，共计节省工期 10 天，节省自喷管道及支、吊架制作安装费用共计 3.9 万元，达到了很好的效果。如图 28 ～ 图 30 所示。

图 27　套管实际预埋图

图 28　套管穿梁实景图

图 29　模型截图

图 30　现场实际图片

5　BIM 在项目管理中的应用

项目引进 EBIM 协同管理平台，建设、监理、施工等参建各方通过该平台形成以云为中心的协同沟通管理机制，实现了项目安全、质量、进度、成本齐抓共管，协助管理人员有效决策和精细化管理，确保工程质量一次成优。

5.1 安全管理

利用云平台实现人员安全信息化管控、安全文明防护用品实时跟踪、危险源识别、临电及施工机械实时监控等。

（1）人员安全管理：生成二维码，录入个人信息，可通过实时查询掌握施工人员入场教育、进出场时间及违反劳动纪律等情况，实现人员信息化管理。

（2）安全文明物品管理：根据物品登记信息，对安全文明物品状态实时跟踪，责任到人。

（3）危险源管理：全覆盖监控危险隔离区域并设置红外报警系统，及时将现场情况反馈到管理平台中，有效解决现场管理中出现的纰漏。

（4）临电安全管理：使用信号传输功能，实时将临电使用状态传输至管理平台，专业管理人员以此获取临电使用情况，进行检查。

（5）施工机械安全管理：持证上岗，专人负责，定期维修保养，将维修记录上传至管理平台，随时查看机械设备运行情况。

5.2 质量管理

工长使用移动端进行现场检查，方便实体与模型进行对比，随时查询模型信息，对于发现的问题，可在模型上直接批注，同步到云端，实时发送问题、下达任务，实现视口及图片共享。相关责任人看到问题后进行整改，对已整改的部分进行标记，由质检部门验证后关闭，形成质量管理闭环。

5.3 进度管理

将 BIM 模型导入协同管理平台，以施工进度为主线分解至工序级，生成模拟进度，与实际进度进行比对，直观反映进度偏差，及时纠偏调整。根据模拟施工顺序指导各相关责任人合理调配人、材、机等资源组织施工，严格执行计划管理，确保工程按时按质竣工。

5.4 成本管控

由 BIM 模型导出每月施工量，编制材料计划，合理安排材料采购及进场，过程中严格控制材料使用量，并结合广联达计价软件进行报量及人工费预算。

根据各专业当月完成工作面，返回至各专业 BIM 模型，利用 BIM 中算量插件导出工程量，导入计价软件完成人工费结算，生成完成量报表。通过预算成本与实际成本进行阶段性对比，实现项目成本动态管控。

6　应 用 效 果

BIM 技术在本项目施工全生命周期中的运用，成果丰硕，效益显著。

6.1　经济效益

经综合分析测算，应用 BIM 技术后节约机电工程安装成本约 36.16 万元，节约工期约 25 天。土建部分共计节约成本约 65.21 万元，节约工期约 42 天。

6.2　技术效益

基于 BIM 技术实现的施工工法革新，提高了企业的综合管理水平，为打造企业核心竞争力提供了动力。

6.3　社会效益

通过 BIM 技术应用，为客户节约了投资成本、提高了产品品质，得到了各方的一致好评，先后迎来社会各界同仁观摩学习，为企业赢得了良好的品牌效益。同时有效履行了国家节能、节地、节水、节材及环境保护政策，为企业降本增效提供了有力支持。

7　总　　结

7.1　思考和认识

在发展大厦项目中，想借助 BIM 技术实现企业转型，我们走了不少弯路。从最初想借鉴成熟设计工艺，到后来逐渐在实践中改良创新，再到现阶段溯源反馈，我们清醒地认识到 BIM 技术在施工工艺革新和项目管理各个环节及流程中起到了推动作用。然而这个过程不是一蹴而就的，需要逐渐探索和创新。对于其具体应用，从设计到运维，每个阶段均有其特殊的应用价值。如果施工企业盲目跟风，只为追求 BIM 技术的先进性，没有根据项目实际施工进度、项目特点选择具体应用阶段及合理的应用点，会使 BIM 应用脱离工程实际，产生过度应用的现象，从而增加了项目投资成本。

7.2　经验和建议

基于以上思考和认识，总结 BIM 技术在发展大厦项目应用的经验和建议。

（1）以提高企业核心竞争力，实现降本增效为终极目标，应根据工程施工的重点和难点合理选择 BIM 技术的具体应用点和应用深度。

（2）对于 BIM 人才的选择及培养，应在详细梳理人才结构后，根据个人工作专长，挑选具有一定设计和施工经验的专业技术人员，有针对性地制定战略规划。

（3）建立明确的企业 BIM 组织架构，制定系统的 BIM 管理制度，建立健全 BIM 技术应用标准和规范，健全 BIM 族库，将 BIM 技术与项目管理流程相结合，固化管理流程，实现基于 BIM 技术的精细化管理，逐步实现 BIM 助力工程施工及管理向科技化、信息化转型。

BIM在幕墙设计施工全过程的应用

1 工 程 概 况

1.1 项目简介

项目名称：龙城铭园国际社区二区 1 号楼幕墙工程。

项目地点：西安市丈八北路以西，科技二路以北。

项目规模：总建筑面积 53322.3m²，建筑高度 108.420m，地上 24 层，地下 2 层，幕墙面积 18000m²，建安工作量 1500 万元。

开、竣工时间：2017 年 2 月至 2017 年 8 月。

主要内容：主要包括竖向装饰线条玻璃幕墙系统（位于主楼），层间横向装饰线条玻璃幕墙系统（位于主楼），隐框玻璃幕墙系统（位于主楼 / 裙楼），石材幕墙系统（裙楼），幕墙窗系统（裙楼），一层出入口门、雨棚、点式广告灯箱、中空彩釉玻璃造型、电动开启窗等。

1.2 工程重、难点

（1）本项目工程体量大，工期紧。

（2）功能区域复杂，要求不一，设计变更频繁。

（3）分包单位较多，作为幕墙总包，现场协调工作量大，各专业交叉作业频繁。

（4）工期进度要求、成本管控任务非常严峻。并且业主方针对项目综合情况对参与单位有严格的评级评分。

2 组织架构及团队

本项目作为企业 BIM 技术拓展和应用的示范项目，响应"十三五"规划与建筑信息模型指导意见，结合企业市场拓展的战略，我们建立了科学的管理构架（图 1），并配备了专业的技术人员进行项目 BIM 技术应用，见表 1。

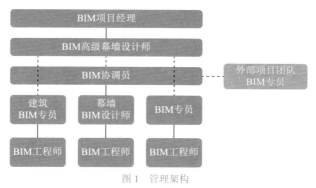

图 1　管理架构

主要人员配备表　　　　　　　　　　　　　表 1

序　　号	姓　　名	职　　务	主要工作任务
1	赵丹强	BIM 中心主任	总指挥、协调、监督、检查
2	王卫兵	技术负责人	现场资源搜集、分配、考核
3	韩威	BIM 工程师	BIM 建模、模型维护、配合现场应用
4	张彬	BIM 工程师	BIM 建模、模型维护、配合现场应用

3　软硬件配置

在硬件条件上，我们配备了足够的笔记本和台式计算机，来满足项目 BIM 技术应用的需要。在软件方面，主要应用 CAD 2014、REVIT2016、RHINO、LUMION、EXCEL 等一系列软件和应用管理平台来实现 BIM 技术应用。主要硬件配置见表 2。

硬件配置一览表　　　　　　　　　　　　　表 2

移动工作站(共计 2 台)	台式工作站(共计 3 台)
品牌型号：（Alienware）ALW15ER-2718S	CPU：Intel 酷睿 i7 4790K
CPU：i7 4720HQ（6M 缓存）	主板：微星 Z97 GAMING 3
内存：16GB DDR3L 1600MHz	内存：金士顿骇客神条 FURY 16GB
显卡：NVIDIA GTX 970M（3GB GDDR5）	显卡：华硕 GTX 970-DC2OC-4GD5
硬盘：128GB SSD+1TB 7200RPM 混合硬盘	硬盘：4TB 7200 转 / 分钟 +128G SSD

4　BIM 技术应用与实施

曾几何时，幕墙工程作为装饰行业里的新技术，新产品和高生产难度产品而红极一时，利润不菲，是众多公司争相发展的方向。但随着时间的推移，制造业技术的发展和材料竞争的加剧，反而使幕墙这种高技术、高材料价值的工程产品难以为继。因为它的安装工厂化、工艺透明、用料透明，再加上现如今材料价格的透明，幕墙几乎成了一个透明的行业。利润极为透明，行业竞争中造成了各公司以成本价中标的残酷现实，使企业经营极为困难。

在这种情况下，各公司怎样在竞争中脱颖而出，快速而且准确地让业主认可方案并达到业主的心理投资造价范围，怎样在设计中运用新技术在保证合理而经济的材料用量下减少浪费而达到最好的效果；怎样减少设计失误从而避免变更，在施工中怎样准确核算最低成本并按照此成本进行施工，真正在材料用量和采购管理、安装管理上科学的控制从而控制工期和造价不发生变化，成了现在各公司领导面前的必须解决的问题。

在此之际，引进 BIM 是大势所趋，是下一个十年公司竞争的必要手段，是成本管控的最佳最可信的助手，是与业主沟通协调的最佳辅助手段。

我们幕墙 BIM 的应用依据公司幕墙业务特点和生产特点分为方案设计阶段应用、施工图设计阶段应用和施工阶段应用三部分。

4.1 方案设计阶段

方案设计阶段的应用主要以效果图为主，因为在 BIM 中应用 revit 或 rhino 等都可以快速依据建筑模型或者建筑 CAD 制作出符合设计方案的幕墙 BIM 模型，而这两种软件的模型再加上 lumion 或者 fuzor 等专门用来绘制表现场景的模型，就可以快速的制成幕墙 BIM 的动画以及各场景的渲染效果。这种效果图相对于传统的效果图而言有以下优势：

（1）传统效果图是另外公司专门制作，而 BIM 效果图是自己公司的另外一个部门制作，也就是方案设计师本人。

（2）传统效果图多用 3DMAX，其信息互用性极差，而 BIM 可以做到 BIM 模型与 BIM 效果图的无缝互相信息传递，这样就能 100% 做到依据效果图转化而成的施工图完全是遵照效果图实施的，可以 100% 达到所见即所得。

（3）相对于传统的效果图，BIM 效果图是基于专业幕墙设计师建立的 BIM 模型，其分格、比例以及各种表皮细部都是符合设计依据和行业标准的，不会发生效果图很好却后期发现做不出来的失误。

（4）BIM 效果图可以同时生产准确的表皮面积，各种幕墙面积及装饰带数据以及相对应的主要骨架信息，作为成本核算的依据，传统效果图无法完成。

（5）BIM 效果图可以"廉价的"进行建筑全方位幕墙的效果图展示甚至动画，而传统效果图则比较费时费钱。

（6）BIM 效果图和动画可以方便设计师与业主进行全方位各角度的细节探讨，而传统效果图不能做到这一点。

（7）BIM 效果图可以快速调整当下更新表现，传统效果图则必须耗费更长时间。

4.2 施工图设计阶段

相对于传统的 CAD 施工图，BIM 施工图设计具有以下优势：

（1）准确理解复杂建筑空间，最大限度弥补二维空间设计的不足，准确表达设计意图，绘制出"可以施工的施工图"，如图 2 所示。

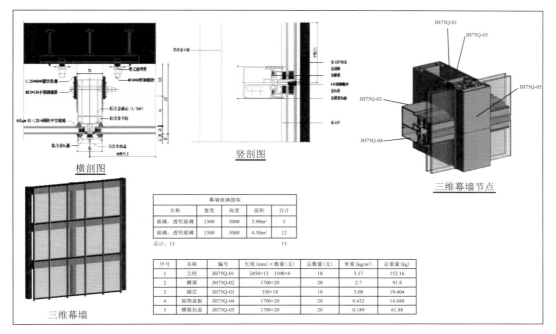

图 2 可以施工的施工图

（2）BIM 施工图同时完成平立面，并得到任何一个需要的剖面，三位一体，互相印证，避免出错。

（3）可以同时在一个建筑模型的基础上分工绘制，提高工作效率，但同时仍然准确无误，即"协同设计"。

（4）碰撞检查。

相对于二维设计，三维设计更可以用软件去检测幕墙与建筑、幕墙与其他的施工专业之间的碰撞问题，并加以改进，避免后期施工中要么无法完成，要么变更增加费用的问题。

（5）三维图纸同样可以生成二维图纸。

（6）三维图纸可以检查设计缺失部分并及时加以改进。

在三维图纸的绘制中，也有着无可比拟的优势，只要平时积累足够的基础族库，在项目来到时，可以快速地搭建起幕墙 BIM 施工图，从埋板定位到立柱系统，到挂板系统，信息完备而快速完成。并且图纸所涵盖所附有的信息是二维图纸无法比拟的，它包含从螺栓到挂板面积、从钢材定位到每个特定区域单独数据，可以随心所欲的提取。

在施工图设计阶段，我们有完善的 ERP 系统。

4.3 施工阶段的应用

BIM 最主要的应用就是在施工阶段，我们沿袭着业主认可的表皮模型，加上依附在建筑模型上的深化设计图纸已经避免了绝大部分的设计失误与纰漏，而且施工图 BIM 模型所附带的大量信息就是为施工应用准备的，所以施工阶段主要是以项目信息的提取组合为主了。

4.3.1 BIM 在材料统计、提取的应用

通过创建的施工阶段 BIM 模型进行材料统计，石材、玻璃、翻窗、百叶、铝单板、装饰线条、幕墙立柱、横梁、副框等都可以进行料单提取，方便现场施工，提高效率，节省工期。

设计者在设计过程中应用 BIM 技术，把构件的属性一一体现在设计模型上，当设计完成时，模型的完整程度同时也达到了算量的要求，简单的软件操作就能完成算量环节（图 3）。

<1.1东立面立柱统计单>

A	B	C	D	E	F	G
族	长度	合计	米重	编号	表面处理	注释
65立柱	4650 mm	1	1.60 kg/m	A65Q001	粉末喷涂	东立面立柱
65立柱	4700 mm	12	1.60 kg/m	A65Q001	粉末喷涂	东立面立柱
65立柱	4820 mm	1	1.60 kg/m	A65Q001	粉末喷涂	东立面立柱
65立柱	4850 mm	13	1.60 kg/m	A65Q001	粉末喷涂	东立面立柱
140立柱	3880 mm	141	3.43 kg/m	A140Q001	粉末喷涂	东立面立柱
140立柱	3990 mm	6	3.43 kg/m	A140Q001	粉末喷涂	东立面立柱
140立柱	4100 mm	10	3.43 kg/m	A140Q001	粉末喷涂	东立面立柱
140立柱	4480 mm	1	3.43 kg/m	A140Q001	粉末喷涂	东立面立柱
140立柱	4550 mm	7	3.43 kg/m	A140Q001	粉末喷涂	东立面立柱
140立柱	4690 mm	4	3.43 kg/m	A140Q001	粉末喷涂	东立面立柱
140立柱	5080 mm	10	3.43 kg/m	A140Q001	粉末喷涂	东立面立柱
140立柱阳角	3880 mm	26	3.43 kg/m	A140Q001	粉末喷涂	东立面立柱
140立柱阳角	3990 mm	2	3.43 kg/m	A140Q001	粉末喷涂	东立面立柱
140立柱阳角	4100 mm	2	3.43 kg/m	A140Q001	粉末喷涂	东立面立柱
140立柱阳角	4480 mm	1	3.43 kg/m	A140Q001	粉末喷涂	东立面立柱
140立柱阳角	4550 mm	1	3.43 kg/m	A140Q001	粉末喷涂	东立面立柱
140立柱阳角	4850 mm	1	3.43 kg/m	A140Q001	粉末喷涂	东立面立柱
140立柱阳角	4910 mm	1	3.43 kg/m	A140Q001	粉末喷涂	东立面立柱
140立柱阳角	5080 mm	2	3.43 kg/m	A140Q001	粉末喷涂	东立面立柱
140立柱阴角	3880 mm	27	3.43 kg/m	A140Q001	粉末喷涂	东立面立柱
140立柱阴角	4100 mm	2	3.43 kg/m	A140Q001	粉末喷涂	东立面立柱
140立柱阴角	4690 mm	2	3.43 kg/m	A140Q001	粉末喷涂	东立面立柱
140立柱阴角	5080 mm	2	3.43 kg/m	A140Q001	粉末喷涂	东立面立柱
157立柱	3880 mm	168	3.97 kg/m	XA001	粉末喷涂	东立面立柱
157立柱	3990 mm	12	3.97 kg/m	XA001	粉末喷涂	东立面立柱
157立柱	5080 mm	12	3.97 kg/m	XA001	粉末喷涂	东立面立柱
157立柱(8F)	4180 mm	12	3.97 kg/m	XA001	粉末喷涂	东立面立柱
157立柱(25F)	4600 mm	12	3.97 kg/m	XA001	粉末喷涂	东立面立柱
157立柱(26F)	4650 mm	12	3.97 kg/m	XA001	粉末喷涂	东立面立柱
总计: 503		503				

图 3　完成算量

施工阶段，运用施工模型，出型材长度统计表、型材重量统计表、玻璃下料尺寸单、构建数量表等现场实际需要的统计表，极大地提高了下料的准确性和工作效率以及可追随性，保证成本控制的科学性，并实现了人力、时间、资源的合理配置。

4.3.2　材料管理

通过施工模型导出的料单移交现场施工人员，核对材料的数量、规格信息，直到达到材料信息的无误传递（图4）。

1.0立柱统计单65							
注释	族	长度	合计	米重	编号	表面处理	重量(吨)
东立面立柱	65立柱	4650	1	1.6	A65Q001	粉末喷涂	0.007
东立面立柱	65立柱	4700	12	1.6	A65Q001	粉末喷涂	0.090
东立面立柱	65立柱	4820	1	1.6	A65Q001	粉末喷涂	0.008
东立面立柱	65立柱	4850	13	1.6	A65Q001	粉末喷涂	0.101
北立面立柱	65立柱	4650	14	1.6	A65Q001	粉末喷涂	0.104
北立面立柱	65立柱	4820	14	1.6	A65Q001	粉末喷涂	0.108
西立面立柱	65立柱	4650	1	1.6	A65Q001	粉末喷涂	0.007
西立面立柱	65立柱	4700	12	1.6	A65Q001	粉末喷涂	0.090
西立面立柱	65立柱	4770	15	1.6	A65Q001	粉末喷涂	0.114
西立面立柱	65立柱	4820	1	1.6	A65Q001	粉末喷涂	0.008
西立面立柱	65立柱	4850	2	1.6	A65Q001	粉末喷涂	0.016
总计：86			86				0.654

图 4　材料管理

4.3.3　进度管理

（1）主材、辅材、玻璃的下料时间、到场时间、安装完成时间都会有一个单独的 BIM进度模型，每块材料的下料、到场、安装情况以及楼层位置的状况都进行跟踪，每天更新现场的下料、到场、安装情况。东立面 140 立柱安装情况（图 5）、明细表和模型对照显示，东立面 140 立柱已安装完成（图 6）。

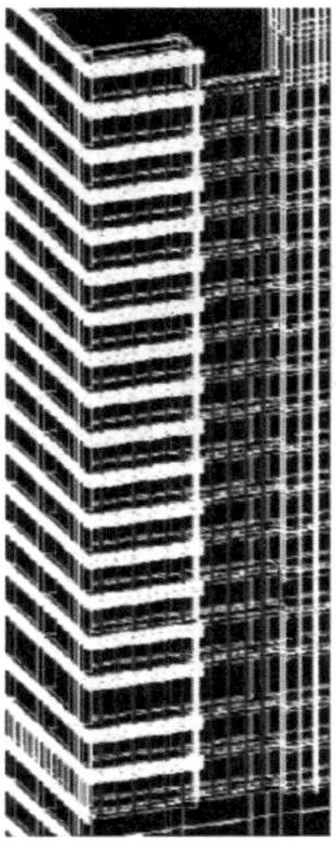

图 5

图 6　明细表与模型对照

（2）分立面立柱系统进度管理

①分立面进行进度管理，如图 7 所示。

②在立面中分楼层管理，如图 8 所示。

东立面立柱进度统计表
北立面立柱进度统计表
南立面立柱进度统计表
西立面立柱进度统计表

图 7　分立面进度管理

A	B	C	D	E	F	G	H
族	长度	合计	米重	编号	注释	安装状态	标高
140立柱	4100 mm	10	3.43 kg/m	A140Q001	东立面立柱	已完成	F8
140立柱阳角	4100 mm	2	3.43 kg/m	A140Q001	东立面立柱	未安装	F8
140立柱阴角	4100 mm	2	3.43 kg/m	A140Q001	东立面立柱	未安装	F8
157立柱(8F)	4180 mm	12	3.97 kg/m	XA001	东立面立柱	正在安装	F8
140立柱	3880 mm	10	3.43 kg/m	A140Q001	东立面立柱	已完成	F9
140立柱阳角	3880 mm	2	3.43 kg/m	A140Q001	东立面立柱	未安装	F9
140立柱阴角	3880 mm	2	3.43 kg/m	A140Q001	东立面立柱	未安装	F9
157立柱	3880 mm	12	3.97 kg/m	XA001	东立面立柱	正在安装	F9
140立柱	5080 mm	10	3.43 kg/m	A140Q001	东立面立柱	已完成	F10
140立柱阳角	5080 mm	2	3.43 kg/m	A140Q001	东立面立柱	未安装	F10
140立柱阴角	5080 mm	2	3.43 kg/m	A140Q001	东立面立柱	未安装	F10
157立柱	5080 mm	12	3.97 kg/m	XA001	东立面立柱	正在安装	F10
140立柱	3880 mm	10	3.43 kg/m	A140Q001	东立面立柱	已完成	F11
140立柱阳角	3880 mm	2	3.43 kg/m	A140Q001	东立面立柱	未安装	F11
140立柱阴角	3880 mm	2	3.43 kg/m	A140Q001	东立面立柱	未安装	F11
157立柱	3880 mm	12	3.97 kg/m	XA001	东立面立柱	正在安装	F11
140立柱	3880 mm	11	3.43 kg/m	A140Q001	东立面立柱	已完成	F12
140立柱阳角	3880 mm	1	3.43 kg/m	A140Q001	东立面立柱	未安装	F12

图 8　在立面中分楼层管理

（3）分立面玻璃安装进度管理

①东立面玻璃进度模型，如图 9 所示。

②由东立面玻璃进度可以看到东立面半隐框玻璃的下单时间、到场时间、安装完成时间、所在的楼层位置，每个楼层玻璃安装完成的数量，以及已安装完的面积，如图 10 所示。

图 9　进度模型

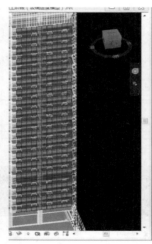

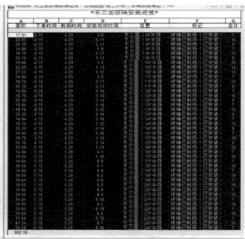

图 10　进度统计表

③可以快速查看指定楼层处玻璃的下单时间、到场时间、安装完成时间、所在的楼层位置，每个楼层玻璃安装完成的数量，以及已安装完的面积，如图 11 所示。

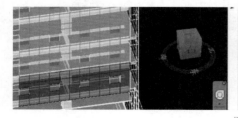

图 11　快速查看统计表

4.3.4 成本核算

运用 LOD400 的 BIM 施工阶段构件数量、长度、板块大小与面积就是实际施工现场所使用的数量，因此，模型可以为成本核算提供准确的依据。

Revit 导出来的实际所含的系统面积（表 3），移交相关造价人员做成本核算。

系统面程表 表 3

族 名 称	面 积	单 位	单价(元)	合计(元)
157 系列带竖向装饰条玻璃幕墙	5304.17	m²		0.00
140 带横向铝方通装饰玻璃幕墙	1773.36	m²		0.00
140 玻璃幕墙	8682.12	m²		0.00
25m 厚石材	2830.25	m²		
1-10/1-1 彩釉夹胶玻璃	488.78	m²		0.00
合计 140 玻璃幕墙后	508.58	m²		0.00
2MM 铝板	508.58	m²		0.00
6+1，14+6 钢化玻璃雨棚	124.70	m²		0.00
3MM 铝板	757.48	m²		0.00
10mm 钢化玻璃地弹门	135.60	m²		0.00
电动开启扇	49.93	m²		
百叶合计	107.37	m²		0.00
6+1，14+6 钢化夹胶点玻	113.00	m²		0.00

5 结 语

由于硬件等限制，BIM 工具针对幕墙领域的专业设计功能还不够完善、本地化程度不够等诸多因素限制了 BIM 的广泛应用与推广，但是，随着技术的发展、应用的实践推动，BIM 技术将在幕墙方案、设计、施工等方面得到进一步推广。

德尔西水电站BIM技术应用

1 工 程 概 况

1.1 项目简介

德尔西水电站项目位于南美洲厄瓜多尔，装机容量 180MW，多年平均发电量 12.181 亿 kW·h，总库容 60.4 万 m^3。本项目主要建筑物由首部枢纽、长度约 9km 的引水系统、发电厂房及其附属设施组成。工程平面布置见图 1。

1.2 工程特点和难点

厄瓜多尔德尔西水电站项目是电建集团首个由设计单位牵头的国际水电 EPC 项目，全部采用中国技术、欧美标准进行项目建设与管理。项目规模大，跨区域、跨国别，沟通

图 1 德尔西水电站项目布置图

难度大，沟通成本高；施工条件复杂，涉及专业多，专业间互相参考、互提资料频繁；项目建设工期短，成本控制严格，质量要求高；地理位置特殊，地质条件复杂，影响整体工程，需进行多方案比选；地下交通洞空间狭小，设备运输安装难度大；传统技术和方法难以满足工程需求，因此，全面应用 BIM 技术进行水电站设计及施工应用。

2 BIM 技术应用路线

2.1 平台建设

厄瓜多尔德尔西水电站工程在预可行性研究、可行性研究、施工详图等各设计阶段，基于达索 3DE 平台，建立完整的项目管理流程。通过 CATIA、ItasCAD、博超 STD 等专

业软件的双向对接，构建数字化协同设计平台（图2），进行标准化设计、碰撞分析、计算分析、工程出图等应用实践，并拓展应用到方案模拟、工艺仿真、虚拟现实、多维可视化管理等方面。综合集成工程项目数据源，搭建统一的项目数据中心，为工程全生命周期的高效化、精细化管理提供有效支撑。

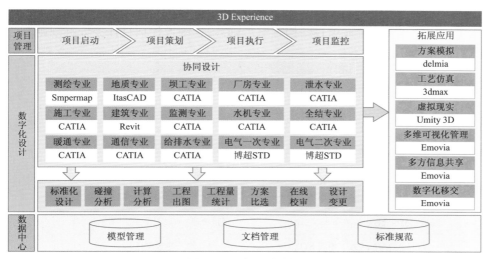

图 2　BIM 应用平台架构

2.2　工作流程

基于达索 3DE 平台，定制详细的 BIM 工作流程（图3），从项目创建、策划到数据归档、发布，每一个 BIM 应用环节都进行科学规划、统一管理。

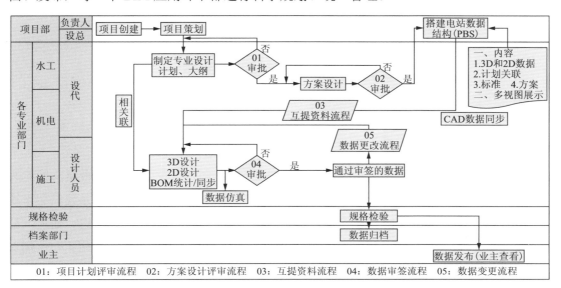

图 3　工作流程

2.3 技术标准

参照国际 LOD 标准、ISO-15926、IFC 2.x 等国际标准建立了三维数字化模型技术标准体系，形成了完备的公司级 BIM 技术标准体系，用以指导 BIM 技术应用，统一 BIM 行为。公司级主要技术标准包括《三维设计项目实施导则》《三维设计命名规则》《三维设计模型组织规则》《三维设计项目结构分解规则》《三维设计项目任务分解规则》《三维协同设计操作方法》等。

2.4 软、硬件配置

本项目引入多款 BIM 软件，配备了计算机、服务器和图形工作站，满足三维建模、计算分析、数据管理、渲染、动画制作、虚拟现实等各种需求，见表 1。

软 硬 件 配 置   表 1

序　号	软件或硬件名称	完成工作	备　注
1	3DExperience/Enovia VPM	项目管理 / 协同 / 可视化 / 信息共享	软件配置
2	CATIA/ItasCAD/ 博超 STD	三维模型建立	
3	ANSYS Workbench/ABAQUS	结构计算分析	
4	Delmia	方案模拟	
5	3D Max	工艺仿真	
6	Unity3D	虚拟现实	
7	HP ElietDesk	三维模型建立	硬件配置
8	ThinkStation D30	服务器、数据库	
9	Alienware AuroraR5	模型渲染、工艺仿真	
10	Alienware Aera51R5	虚拟现实	
11	Alienware ALW15ER3	计算分析 / 方案模拟	

2.5 BIM 团队组织架构

自 2010 年起，我院开展 BIM 技术应用研究工作，并成立专门的 BIM 研发及推广应用机构—数字工程中心，具体承担三维数字化设计技术研究、架构搭建、体系建设和市场化应用等职责。现有技术人员 20 余人，涵盖工程管理、计算机、水工、机电、建筑、结构、岩土、地质及地理信息等专业。拥有多项软件著作权，正在开展"设计施工一体化"、"海绵城市智慧管理"等多项重大科研项目。本项目中设项目主管 1 名、项目负责人 1 名、项目三维负责人 2 名及 6 名三维设计人员。

3　设计阶段 BIM 应用及价值

德尔西水电站的三维设计在 3DE 协同设计平台下完成，基于项目管理的人员角色划分与权限定制、骨架驱动和装配约束的设计机制、三维碰撞检测及计算分析技术的实现，确保了专业间数据引用的统一性、准确性和实时完整性。

3.1　项目管理

（1）本工程采用 3D EXPERIENCE 平台实施项目启动、项目策划、项目执行、项目监控，实现设计阶段项目的流程化、高效化、精细化管理。

（2）项目启动阶段进行项目模板创建、项目信息创建、项目成员创建。管理员进行各类项目年度计划模板的创建，项目经理通过模板创建项目基本信息，添加项目参与成员，设定基本的权限及角色信息。

（3）项目策划阶段进行项目 WBS 分解，编排计划进度，进行计划审批，分配任务等。

（4）项目执行阶段主要进行任务接收、成果提交和成果审批。设计人员接收任务，根据实际情况填写任务进度，将设计成果上传至对应任务，完成后提交状态至复核，发起审批流程。

（5）项目经理、设总、专业负责人等通过项目看板监控项目状态和执行情况。

3.2　多专业协同设计

不同专业、不同人员基于产品上下文，利用骨架模型进行协同设计，资料互提。

（1）地质专业。地质设计工程师在 ItasCAD 里面进行地质专业设计，将设计结果（mesh 面和相应参数）导入 CATIA，再进行地质数据的整理和修改，ItasCAD 地形数据作为重要的骨架元素进入 3DE 发布供水工专业协同设计。设计流程如图 4 所示。

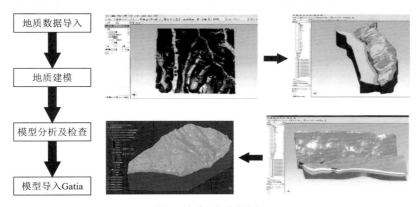

图 4　地质专业设计流程

（2）水工专业。水工专业从数据中心调用地质模型，建立设计骨架，并进行发布，用于水工子专业（坝工、厂房、泄水）设计及开挖设计。各子专业从模板库调用模板，通过修改参数快速建立各部位水工建筑物；基于 BIM 模型自动统计工程量，自动生成施工图纸；利用 BIM 模型进行工程布置方案的优化。设计流程见图 5。

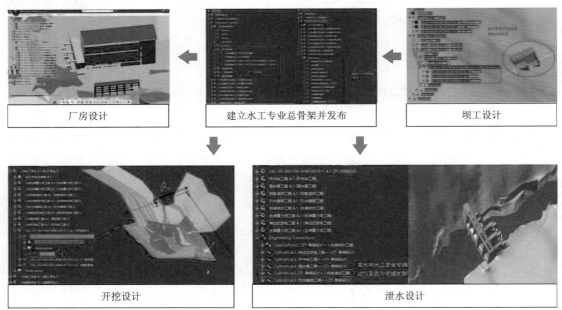

图 5　水工专业设计流程

（3）水力机械专业。建立水机专业常用标准元件库，利用 Catalog 进行管理，参考已经设计好的厂房模型，调用标准原件库快速布置设备管路，见图 6。

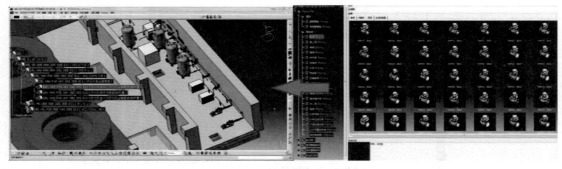

图 6　设备管路布置

（4）电气专业。博超软件能直接读取 CATIA 文件，供电气设计师参考和协同设计使用，电气成果使用 3DE 平台数据管理和供其他专业参考使用。设计流程如图 7 所示，设计成果如图 8～图 10 所示。

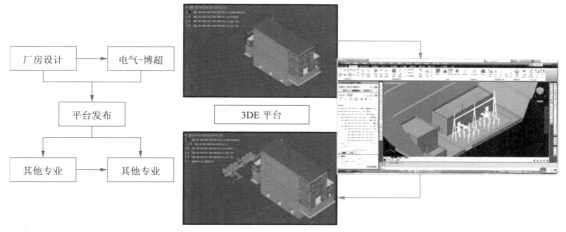

图 7 电气专业设计流程

图 8 枢纽设计成果

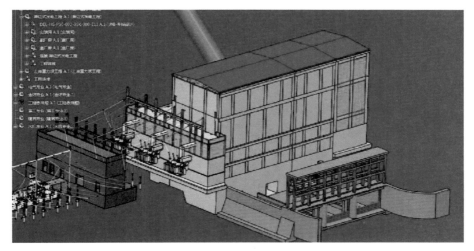

图 9 厂房设计成果

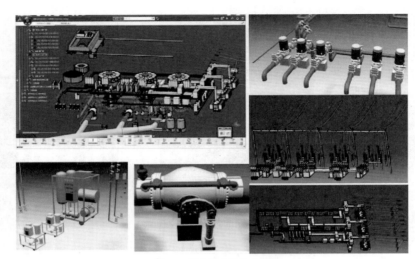

图 10　机电设备设计成果

3.3　在线校审

基于 CATIA 3DLive Examine，校审人员无须安装三维设计软件，通过网页便捷地完成三维模型的检查、批注，提高校审效率，保证设计质量。规范化、一体化的校审方案，解决了三维设计无校审或依赖线下校审的局面。

3.4　碰撞分析

利用 BIM 模型进行碰撞分析，共发现硬碰撞 72 处（厂房与机电 35 处、机电与机电 37 处），软碰撞 48 处。根据碰撞检测报告提前调整设备布置，避免机电安装时设备管路互相干涉和冲突，减少返工。

3.5　计算分析

利用 BIM 模型对结构进行力学分析和优化设计，一体化的设计计算避免了重复建模，提高设计效率，减轻设计人员工作量（图 11）。

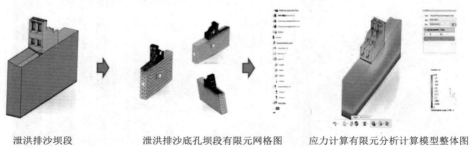

泄洪排沙坝段　　　　　泄洪排沙底孔坝段有限元网格图　　　应力计算有限元分析计算模型整体图

图 11　计算分析图

3.6 拓展应用

3.6.1 方案模拟

基于 Delmia 施工仿真模块，对地下交通洞大车运载岔管可行性方案进行了模拟。通过模拟 4 种不同的运输方案，寻找出无碰撞的运输方案，如图 12 所示。

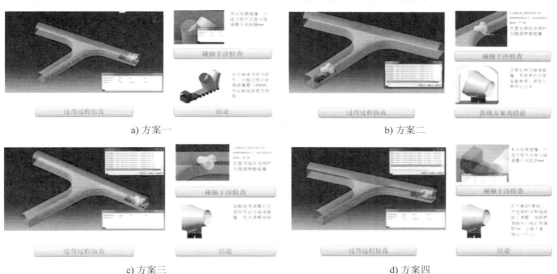

a) 方案一   b) 方案二

c) 方案三   d) 方案四

图 12　运输方案模拟

3.6.2 工艺仿真

引水系统竖井总高度 429m，如此高的竖井，一般均采用反井钻开挖。基于 BIM 模型进行正井法全断面施工工艺仿真（图 13），辅助项目施工方案的选择决策，最终为项目节省了工期。

图 13　施工工艺仿真

3.6.3 虚拟现实

利用已建的三维信息模型实现动态可视化展示，结合交互式、沉浸式体验，使项目各参与方更加直观、身临其境地了解工程信息，辅助施工及机电设备。

3.6.4 多维可视化管理

建立专业、部位、系统三个维度的可视化管理组织结构，基于模型统一管理工程量、施工、采购、质量、安全等工程信息，方便项目不同参与方使用。通过访问权限控制实现数字化移交。

3.6.5 多方信息共享

基于 3DE 平台，统一管理项目文件，EPC 项目部统一管理的参建各方基于同一平台进行项目文件的获取，实现线上沟通及问题反馈，降低沟通成本。

4 应用效果

（1）设计阶段 BIM 集成应用。使设计差错减少 80% 以上，现场修改数量减少约 60%，现场协调会数量减少约 30%，工程数据查找效率提高约 500%，极大提升了 BIM 应用效率及效果。

（2）多专业数字化协同设计。提高综合设计效率约 25%、出图效率约 60% 以上。

（3）设计数据统一存储、管理和使用，实现了数据安全、共享和可追溯。基于统一数据源开展以 BIM 模型为载体的数字化移交，打破水电行业长期以来以图纸报告为主要交付物的现状。

5 总 结

5.1 创新点

（1）设计阶段 BIM 集成应用。基于统一的平台和数据架构进行设计阶段的项目管理、数字化设计、数据存储和信息沟通，极大提升了 BIM 应用效率及效果；打破部门和专业界限，开展大坝、厂房、泄水、电气等 24 个专业和部门的数字化协同设计，实现了项目数据共享和可追溯以及项目、业务流程和数据的纵向一体化。

（2）基于 BIM 的设计管理流程化。提出基于 BIM 的设计过程管理流程和管理方法，编写企业级 BIM 标准 30 余项，与 BIM 应用无缝对接，实现了 BIM 应用的标准化和规范化。

（3）设计成果多维可视化管理。基于同一管理平台下的可视化设计任务管控、VR 展示、可视化交底、异地协同办公，大大提高了沟通协调效率，简化沟通成本。

5.2 经验教训

（1）BIM 不仅仅是技术手段的改革，管理技术及标准也需要相应的更新。

（2）当前工程行业 BIM 应用工具众多，数据格式不统一，信息交互困难，统一、标准的数据格式尤为重要。

（3）BIM 应用的价值贯穿于工程全生命周期管理的各阶段，尤其在施工阶段需要业主和相应参建方积极配合，才能发挥更大的价值。

西安智慧管廊BIM综合应用

1 项目简介

1.1 建设背景

2015 年国务院出台了《关于推进城市地下综合管廊建设的指导意见》，住房和城市建设部做出在全国开展城市地下综合管廊建设的重点部署，陕西省委省政府、西安市委市政府高度重视、积极响应。

西安智慧管廊项目智慧化程度要求高，PPP 模式涉及责任主体多，行业跨度大；规划设计范围广、运营服务 100 年的目标需要与城市百年发展变革融合共生；地下线性工程施工管理难度大、密闭空间施工安全隐患控制难；智慧运维监测数据多、信息交互协同复杂。该管廊项目主体见图 1。

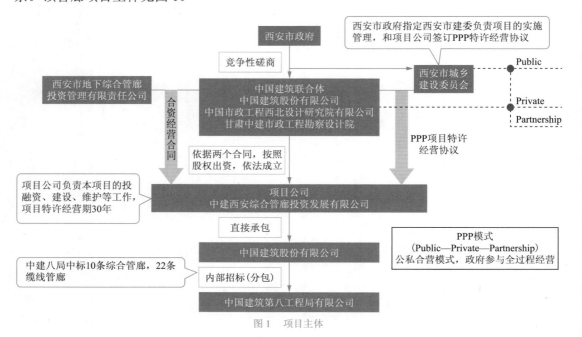

图 1　项目主体

1.2 工程概况

西安市地下综合管廊建设 PPP 项目 I 标段工程是国内单笔投资额最大,一次性开工建设总公里数最长,入廊管线最多的综合管廊。常宁组团项目位于常宁核心区内,六纵四横棋盘式布置,规划干支线管廊 15.6km,缆线廊 2.87km,控制中心一座。综合管廊规划容纳电力、通信、给水、再生水、热力、燃气、污水、雨水八类管线,基本实现全部市政管线入廊,部分管廊内配备工程检修车。管廊分布如图 2 所示。

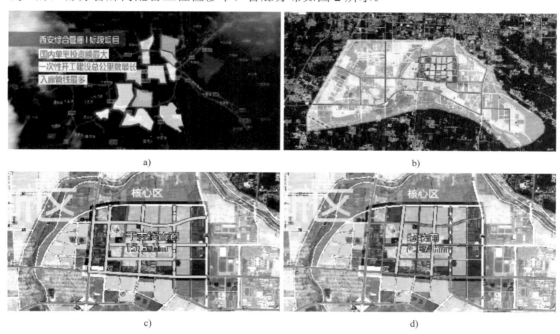

图 2 管廊分布

1.3 BIM 应用环境

西安管廊项目整体采取"投资建设运营一体化 + 入廊单位付费 + 政府补贴 +EPCO"的模式,集投融资、规划、设计、建设、运营于一体,涵盖项目全生命周期管理,工程需要 BIM 技术,同时也为 BIM 技术的全生命周期应用提供了良好的平台。

2 BIM 应用组织实施

2.1 团队建设

就管廊地下线性工程而言,传统房建的 BIM 应用不能满足项目需求,基础设施 BIM

应用人才不足，针对以上问题，项目成立了以 BIM 为中心，BIM+ 协同管理的一体化实施团队，国家 BIM 专家亲临项目指导 BIM 实施工作，项目管理公司、设计院、管廊 BIM 工作站等，分别负责规划设计、建设施工、运营维护等各阶段的 BIM 工作，从团队组成到工作分工，再到 BIM 实施，真正实现工程 BIM 一体化管理。PPP 项目 BIM 组织架构见图 3。

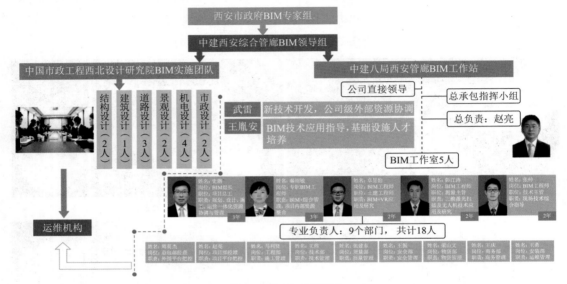

图 3　项目 BIM 组织架构

2.2　全生命周期管理

全生命周期的 BIM 管理与全生命周期的项目管理相统一，常宁组团项目为 BIM 应用示范点，规划、设计、施工、运维、各入廊单位 BIM 成员合作办公，及时处理各方急需解决的问题。全生命周期 BIM 管理流程见图 4。

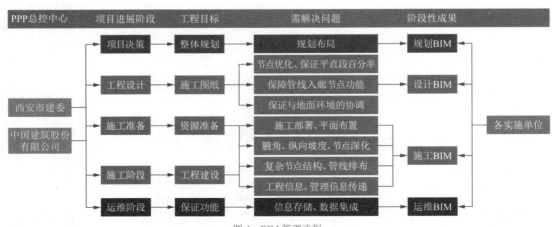

图 4　BIM 管理流程

2.3 协同管理

西安管廊常宁组团项目贯穿融投资、设计、施工、运维全生命周期管理，涉及责任主体众多，行业跨度大，项目建立了基于 EBIM 一体化协同管理平台的交流机制。截至目前，共设置管廊总指挥、施工管理、多方协同等共计 11 个模块，涵盖政府相关部门、设计方、建设方、施工方、监理方、劳务公司等。协同管理模块，如图 5 所示。

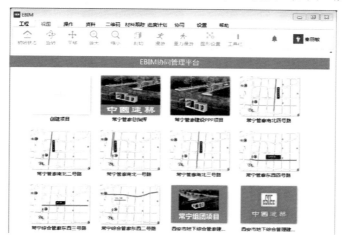

图 5 协同管理模块

EBIM 管理平台集项目内部管理与外部关系协调于一体，通过上传管廊各专业 BIM 模型，对外协调管廊建设过程中的马路清表、设计变更、进度展示等问题，如图 6 所示；对内加强施工管理，提升各部门联动水平，给施工部署、物资进场、材料加工、商务算量等提供数据的支撑，如图 7 所示。

图 6 对外协调建设过程中的问题

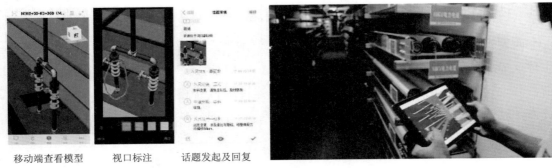

移动端查看模型　　　视口标注　　　话题发起及回复

图 7　对内施工管理

3　BIM 综合应用

3.1　可视化设计管理

3.1.1　监控中心布局优化

以管廊监控中心布局为例，需同时满足以下 6 个条件：①西安市行政区划及近、远期规划综合管廊区位分布情况。②巡查人员人工巡检距离及时间。③综合管廊的应急响应到达现场时间不大于 30min。④管线单位管理维护边界的划分。⑤综合管廊供电半径限制：10kV 线路供电半径不大于 6km。⑥监控中心供电、通信组网方式及软件的点数限制。原设计同级监控中心 7 座，优化后，调整为总控中心 1 座，区域分控中心 2 座，片区维护站5 座，优化前后对比如图 8 所示。

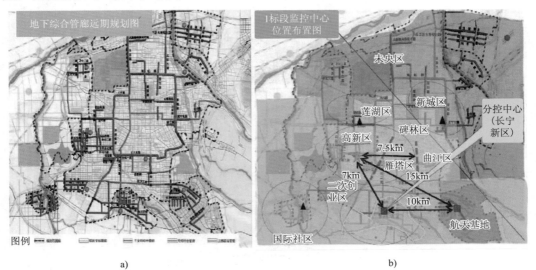

a)　　　　　　　　　　　　　　　　b)

图 8　优化前后对比

3.1.2　设计理念可视化表达

常宁综合管廊是百年民生工程，意义重大。在规划设计阶段，参考优秀案例，运用 BIM 技术，通过廊体布线位置的模拟，保证廊体与施工道路一致性；通过可扩容性的模拟，尽最大可能满足百年使用目标；通过污水重力入廊的模拟，增强与周边环境的和谐性（见图 9）。

图 9　管廊模拟

3.1.3　管廊六口可视化设计

地下综合管廊六口分别为人员出入口、吊装口、逃生口、通风口、管线分支口、交叉口。其人员出入口、逃生口、通风口均为出地面结构，BIM 可视化设计同时满足了管廊功能、施工便利、与地面环境协调共生的需求（图 10）。

图 10　六口可视化设计

3.2　线性工程施工管理

3.2.1　示范项目策划

（1）选址策划：在临建选址及场地布置过程中，由于施工范围较大，项目采用 BIM 技术与地图坐标拟合的方式，确定 I 区为指挥中心及钢筋加工区域，II 区为项目办公区及样板展示区，选址策划，如图 11 所示。

（2）临建规划策划：指挥中心及办公区建设

图 11 选址策划

前进行了整体规划布置模拟，优化各区功能分配，增加休息、娱乐、休闲区，重点规划样板观摩区，整体采用装配式箱式板房，绿色环保，施工速度快、周转率高，临建规划策划，如图 12 所示。

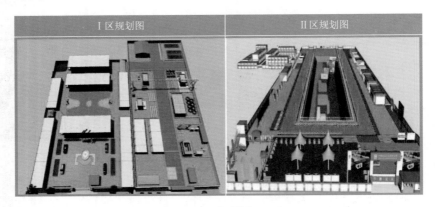

图 12　临建策化

3.2.2　图纸集成化管理

应用 BIM+AR 技术，通过三维模型及漫游视频，对各专业二维图纸进行集成管理，运用移动终端，扫描 AR 卡片，加载相对应的集成信息，直观的表现各专业的空间布局，降低信息传递失真所造成的潜在损失，减少反复读图、识图所耗费的时间，突破了传统的看图方式，如图 13 所示。

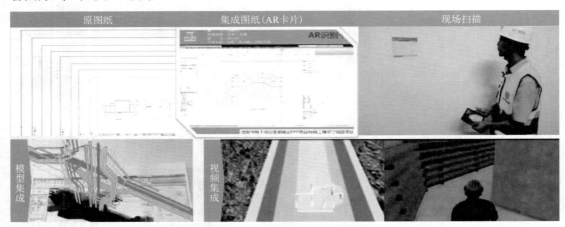

图 13　集成管理

3.2.3　土方工程管理

在土方工程施工过程中，采用天地一体化全息三维地理信息系统，通过无人机（3D 地形图）＋三维激光扫描仪（3D 实体扫描）+BIM 技术（3D 实体预演），实现施工部署优化、偏差分析等。

应用 1∶500 轻小型无人机航拍地形图，在项目开工前，对既定施工区域的场地场貌进行全方位的观测，与施工蓝图拟合后，结合 BIM 技术，进一步确定场地开挖顺序、堆土位置、材料运输方向，通过合理的施工模拟，选用跳仓法合理组织施工。过程中利用无人机搭载三维激光扫描仪，进行基坑变形监测；对已完成施工区域与 BIM 模型拟合，整体分析后，及时纠偏，如图 14 所示。

图 14　土方工程管理

3.2.4　竖向施工管理

（1）模型处理

一是管廊竖向坡度设置，首先进行顶板及底板坡度设置，在使用墙体顶部及底部附着，完成廊体坡度设置，如图 15 所示。二是墙体腋角设置，通过墙体类型设置，修改墙体剖面形状，附着顶板及底板，完成腋角的设置及使用，如图 16 所示。

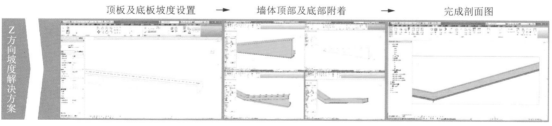

图 15　廊体坡度设置

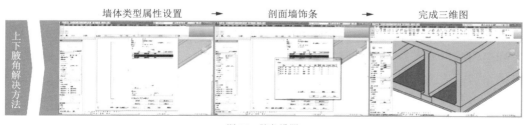

图 16　腋角设置

（2）施工技术

在线型竖向结构施工过程中，引进国家专利技术——用于地下管廊现浇施工滑移体系，配合铝合金模板按照流水段施工，节约人工、机械和时间，如图 17 所示。

在 BIM 摸排拆改模型时，发现由于拆改滞后，严重影响施工进度的路段中，80% 的路面情况可满足廊体尺寸需求，采用单侧支模的方式，可有效控制开挖工作面，降低此地段的开挖难度，加快了施工进度，如图 18 所示。

图 17 施工技术

图 18 单侧支模

（3）廊体优化

运用 BIM 技术，对廊体进行滑移模拟，统一节点外扩角度及尺寸，减少铝模配模规格；收缩外扩垂直尺寸，提高可滑移廊体百分率，如图 19 所示。

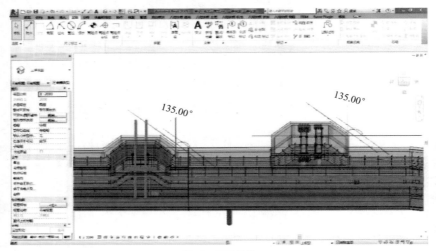
图 19 廊体优化

3.2.5 交叉口施工流程分析

管廊交叉口节点单层面积约 $100m^2$，上下错层，局部扩大，其悬空部位施工完成后，土方回填困难，施工顺序难以确定最优方案，运用 BIM 技术对该区结构及管线进行优化分区排布后，将 3D 打印技术引入交叉口节点分析。将优化后的模型进行拆分，打印卡扣式连接的 3D 模型，实现积木堆积式的方案演示。BIM 及 3D 模型如图 20 所示，方案演示如图 21 所示。

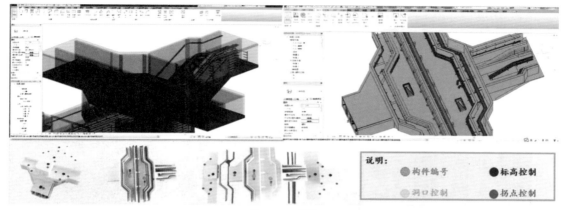

图 20　3D 模型

图 21　方案演示

3.2.6　深基坑安全管理

（1）BIM+VR 安全教育

管廊顶板临边范围广，凸出结构多，机电安装复杂，项目引进常规安全体验场的同时，积极研究 BIM+VR 技术在安全教育中的应用，研发了基于 BIM 模型的触电体验、高空坠落体验等内容，安全教育形式的创新，提高了工人接受安全教育的自觉性、积极性，超过了预期的教育效果，如图 22 所示。

图 22　安全教育

（2）BIM+VR 应急逃生

管廊结构走向纵横交错，施工人员长期处于深基坑、密闭空间作业，为保证作业人员在紧急情况下可顺利逃生，项目部利用已建好的 BIM 模型，做了基于 BIM 的 VR 虚拟应急逃生系统，集消防、有害气体及其他危急情况下的应急逃生于一体，明确各管廊节点位置逃生路线，让现场施工人员百分之百做到明确当前施工区域逃生路线，如图 23 所示。

图 23　应急逃生

（3）BIM+VR 实现流程

基于 BIM 技术的 VR 虚拟技术，提高 BIM 模型利用率的同时，提高了场景的真实性，降低了 VR 设计难度，更具有针对性，突破了传统安全体验场的场地及内容限制，BIM+VR 实现流程如图 24 所示。

图 24　实现流程

3.3　综合管廊运维管理

3.3.1　BIM 在运维中的应用层级

建立基于 BIM 技术的可视化管廊，直观地显示综合管廊内部专业间的空间构成，集成勘察设计、施工、运营及维护数据信息，构件 ID 与二维码作为连接模型与感知末端的纽带，为系统的运营管理和辅助决策提供准确完整的基础数据支持。BIM 在运维中的功能层级，主要是应用服务层、数据资源层，如图 25 所示。通过 BIM 构件 ID 及二维码实现运维模型与感知末端的连接，如图 26 所示。

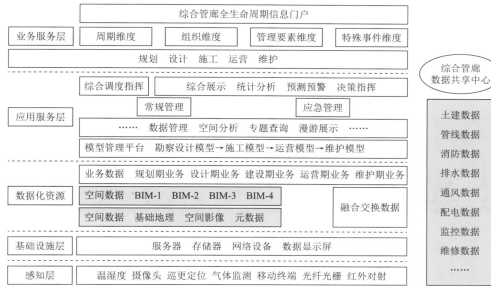

图 25　数据资源层

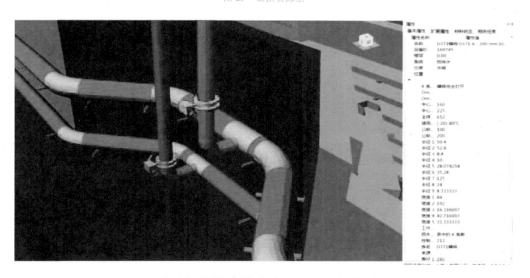

西安市地下综合管廊建设PPP项目I标段

名称: D371蝶阀:D371-6 - 200 m
　　　m:10816414
设备ID: 169745
系统: 给排水
楼层: 0.00
分类: 水阀
位置:

图 26　运维模型

3.3.2 BIM+VR 应急指挥

智慧管廊综合管理系统，以 BIM 模型为基础，以数据共享中心为核心，构建 3S 基础设施智慧体系，可进行 BIM+VR 灾情推演，预测事故影响范围和发展趋势，辅助规划警戒区、集合点、疏散路径和救援路线，支持事故现场与指挥中心同步通信，实现多方远程会商和协同救援指挥。运维指挥中心如图 27 所示。

图 27　运维指挥中心

3.3.3 基于 BIM 的运营巡检

通过 VR 虚拟现实技术，实现主控室巡检，AR 增强现实技术，实现马路穿透式的数据查询；利用系统收集的感知末端数据，实时定位到 BIM 模型中，实现全时段、全方位的巡检，如图 28 所示。

图 28　运营巡检

4　归纳提升

4.1　应用综述

以 BIM 为中心的 PPP 项目管理，在管廊设计、施工、运维的全寿命周期过程中，为项目按时、保质、保量地完成各项建设任务提供了保障，为"智慧管廊"的"智慧运营"提供了"智慧的平台"，如图 29 所示。

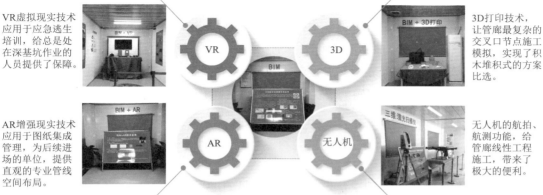

VR虚拟现实技术应用于应急逃生培训，给总是处在深基坑作业的人员提供了保障。

3D打印技术，让管廊最复杂的交叉口节点施工模拟，实现了积木堆积式的方案比选。

AR增强现实技术应用于图纸集成管理，为后续进场的单位，提供直观的专业管线空间布局。

无人机的航拍、航测功能，给管廊线性工程施工，带来了极大的便利。

图 29　智慧平台

4.2　效益分析

BIM 技术在智慧管廊中的应用，取得了良好的工期效益、经济效益及社会效益，截至 6 月底，项目共接待省内外政府观摩团 22 次，行业单位观摩团 46 次，累计接待 5600 余人，得到各方领导及同行的一致好评，如图 30 所示。

图 30　现场观摩

4.3　下一步工作计划

4.3.1　人才培养

通过 BIM 小组的共同努力，在提升工程建设成果的同时，小组成员自身水平得到很大程度的提升，为项目的建设、公司的转型，提供了人才储备。单位也将继续扩大基础设施 BIM 应用人才培养及储备，加强现有人员的学习深度、广度培训，"走出去，学进来"总结自身优秀成果及经验，积极向优秀的单位及项目学习。

4.3.2　项目应用提升

在保证城市信息安全的前提下，积极推进 GIS 地理信息系统的应用及研究，为规划设计提供大数据平台；继续加强 BIM 对工程的指导，增强平台化信息智能管理，按照流水段，自动匹配人材机料法环信息；加强对物联网、人工智能技术的研究，提高管廊运营的智慧性；积极研究基于管廊问题的最优解决方案，推进 BIM 技术在管廊中的应用。

5　结　　语

李克强总理指出，城市地下建设是外边看不见的里子工程，只有筑牢里子，才能撑起面子。综合管廊建成后，让我们告别"马路拉链""空中蜘蛛网"，打造最美城市，见证魅力长安！

咸阳奥体中心总承包项目BIM应用

1 项目概况

咸阳奥体中心是大西安（咸阳）文体功能区的核心建筑，工程占地 350 亩，由主场馆、田径运动训练场、观光塔和其他体育运动设施组成；主场馆为桩承台基础、框架剪力墙结构和平面管桁架罩棚，总建筑面积 71646m²，建成后将作为 2018 陕西省运动会的主会场，成为咸阳地区又一地标建筑（图 1）。

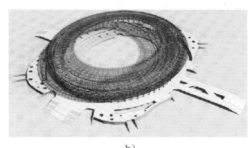

a)   b)

图 1 咸阳奥体中心

2 工程重难点分析

（1）本项目施工作业面宽阔、工程量大，场地布置协调难度大、进度任务艰巨（图 2）。

图 2 项目作业面

（2）罩棚钢结构用钢量 6200t，吊装拼接难度大；附着于钢结构上的曲面角锥幕墙弧度不一，安装定位精度要求高（图3、图4）。

图 3　吊装情况　　　　　　　　　　　　　　图 4　安装精度高

（3）弧形轴线测量定位难、清水混凝土外观质量控制要求高、弧形管线施工难度大（图5、图6）。

图 5　混凝土外观　　　　　　　　　　　　　　图 6　弧面管线

（4）大型机械、临边高空作业较多，安全管控难度大。项目参建单位达二十多个，设计、深化、施工周期重叠，项目管理协调难度大（图7、图8）。

图 7　临边高空作业　　　　　　　　　　　　　图 8　参建单位多

3　BIM 团队介绍

项目成立总包牵头、各专业分包参与的 BIM 工作组，管理体系如下；项目通过组织开展 BIM 培训等形式，促使全员参与，为后续 BIM 协同应用打下基础（图 9 ～ 图 11）。

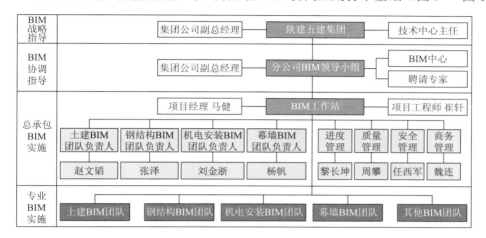

图 9　管理体系构成

图 10　培训学习

图 11　管理团队工作现场

4　BIM 应用软、硬件配置

BIM 应用软件配置见表 1。

软 件 配 置　　　　　　　　　　　　　　　　　　　　　　　　　　　　表 1

序　号	名称及版本号	说　明
1	Autodesk Revit2014	土建、机电全专业设计建模
2	Tekla 19.0	钢结构建模
3	CATIA P3 V5R21	幕墙建模
4	Rhinoceros 5	设计模型浏览
5	Navisworks Manage2014	数据集成，模型空间碰撞检查
6	Synchro Project2013	进度模拟，4D 进度管理
7	SketchUp2015	装饰节点优化
8	Fuzor 3DMax Lumion6.0	协同漫游、动漫渲染
9	MIDAS ANSYS15.0	结构受力分析
10	EBIM 云平台	平台应用管理

BIM 应用软件配置见表 2。

硬件配置   表 2

名　　称	参考配置及型号	数　　量
台式组装电脑	处理器：Inteli7 主频 3.5GHz 显卡：Nvidia GeForce GTX 960 显存 4GB 内存：32 GB 主板：华硕 P98 网络：移动互联网 10 兆专线接入	8
数据服务器	RD630 E5 2620V3*2 8g*4 无硬盘 H330	2
二维码打印机	芯烨 XP-460B	5
无人机	DJI Phantom 4	2
测量机器人	Trimble STS930	1
手持移动端	Ipad air2	3

5　BIM 实施策划

5.1　实施依据

项目开工初期，依据现有规范和企业标准，制定项目《BIM 实施策划书》，作为咸阳奥体中心项目 BIM 实施依据。

5.2　实施目标

咸阳奥体中心项目实施目标见图 12。

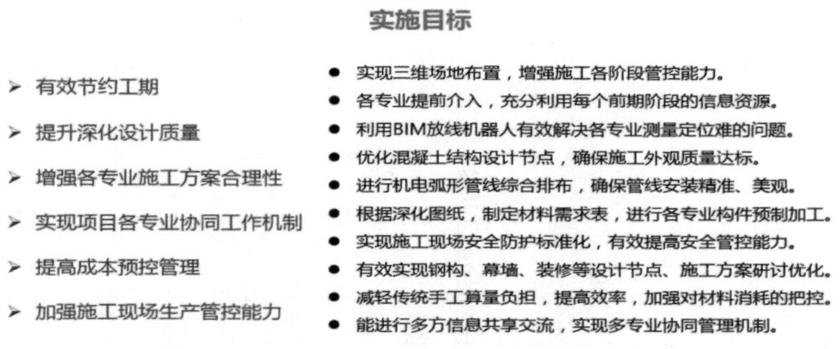

实施目标

➢ 有效节约工期
➢ 提升深化设计质量
➢ 增强各专业施工方案合理性
➢ 实现项目各专业协同工作机制
➢ 提高成本预控管理
➢ 加强施工现场生产管控能力

● 实现三维场地布置，增强施工各阶段管控能力。
● 各专业提前介入，充分利用每个前期阶段的信息资源。
● 利用 BIM 放线机器人有效解决各专业测量定位难的问题。
● 优化混凝土结构设计节点，确保施工外观质量达标。
● 进行机电弧形管线综合排布，确保管线安装精准、美观。
● 根据深化图纸，制定材料需求表，进行各专业构件预制加工。
● 实现施工现场安全防护标准化，有效提高安全管控能力。
● 有效实现钢构、幕墙、装修等设计节点、施工方案研引优化。
● 减轻传统手工算量负担，提高效率，加强对材料消耗的把控。
● 能进行多方信息共享交流，实现多专业协同管理机制。

图 12　项目实施目标

5.3　实施流程

咸阳奥体中心项目实施流程如图 13 所示。

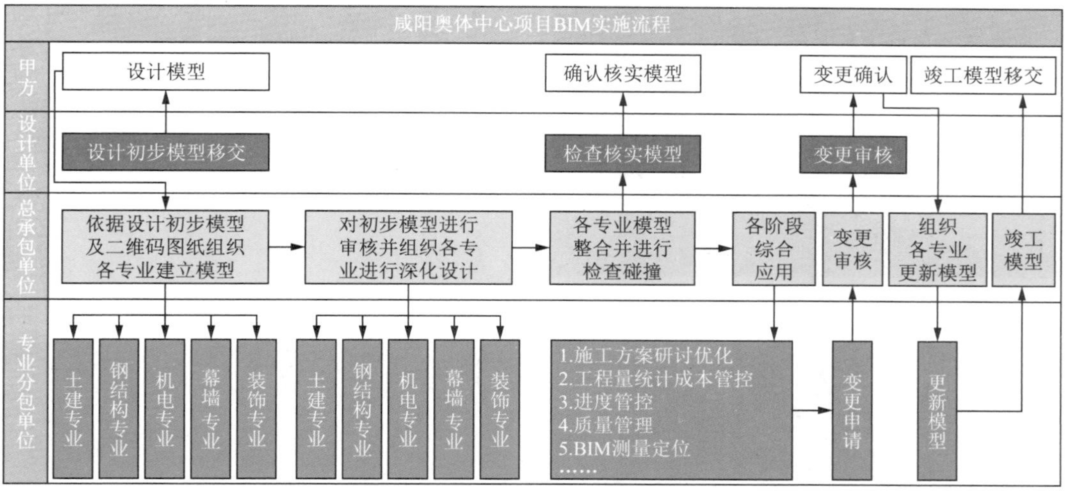

咸阳奥体中心项目BIM实施流程
甲方
设计单位
总承包单位
专业分包单位
设计模型
确认核实模型
变更确认
竣工模型移交
设计初步模型移交
检查核实模型
变更审核
依据设计初步模型及二维码图纸组织各专业建立模型
对初步模型进行审核并组织各专业进行深化设计
各专业模型整合并进行检查碰撞
各阶段综合应用
变更审核
组织各专业更新模型
竣工模型
土建专业
钢结构专业
机电专业
幕墙专业
装饰专业
土建专业
钢结构专业
机电专业
幕墙专业
装饰专业
1.施工方案研讨优化
2.工程量统计成本管控
3.进度管控
4.质量管理
5.BIM测量定位
……
变更申请
更新模型

图 13　实施流程

6　BIM 技术实施与应用

主要分为模型创建、深化设计、施工三个阶段，如图 14 所示。

BIM实施与应用
模型创建阶段
深化设计阶段
施工阶段
参数族库积累
各专业模型创建
碰撞检测
综合排布
节点优化
3D漫游
方案研讨优化
预制加工
空间测量定位
进度模拟
4D施工模拟
质量管理

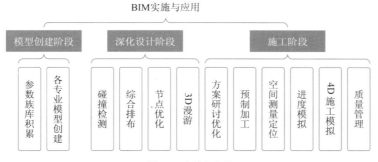

图 14　实施与应用

6.1　模型创建阶段

6.1.1　各专业模型创建

项目部 BIM 工作组组织各分包单位分层次、有计划地创建各专业信息模型，如图 15 ～图 18 所示。

6.1.2　参数族库积累

奥体中心项目结合自身实地情况，积累和创建参数化构件 56 种，并上传至企业级管理平台，丰富了公司 BIM 资源库。

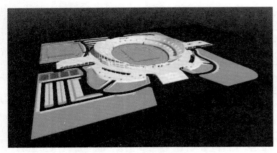

图 15　土建信息模型

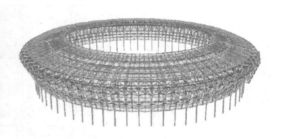

图 16　钢结构信息模型

图 17　信息模型

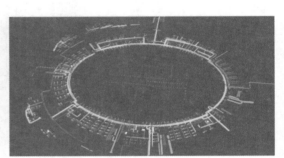

图 18　信息模型

6.2　深化设计阶段

6.2.1　检测碰撞

利用 Navisworks，对各专业模型整合，进行分层次的碰撞检查，导出碰撞报告、对碰撞进行分析和处理，消除碰撞，有效地解决各专业之间"打架"问题，提高深化设计效率（图 19）。

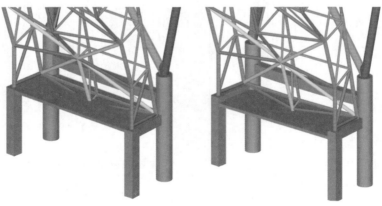

图 19　检验碰撞

6.2.2　综合排布

对机电管线进行综合排布，实现预留孔洞和支架预埋的精确定位（图 20、图 21）。

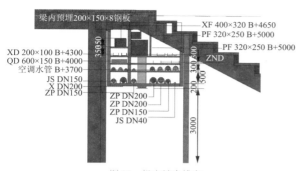

图 20　机电综合排布

图 21　预留孔洞

6.2.3　节点优化

对看台混凝土柱、装饰栏杆等多个部位进行节点深化，并对填充墙圈梁、构造柱进行优化排布；利用 Revit 对弧形走廊管线密集区域进行多次建模分析，确定出最佳施工方案；利用 Tekla 对罩棚管桁架复杂连接节点进行优化设计（图 22）。

图 22　节点优化

6.2.4 3D 漫游

参建各方利用 fuzor 对模型进行漫游审查，对漫游过程中发现的问题实时标注，并共享信息，解决了各专业间的信息孤岛问题（图 23）。

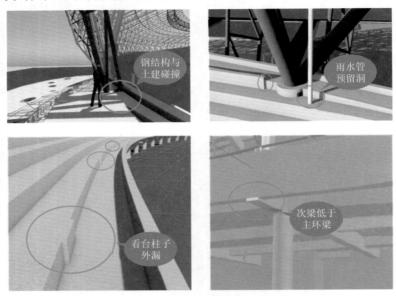

图 23　3D 漫游

6.3　施工阶段

6.3.1　方案研讨优化

利用企业标准化族库进行场区临建布置，确定最优方案，通过各阶段的三维场布，减少临时设施的盲目周转；参建各方通过建立施工措施模型，对各专业复杂施工方案进行了模拟论证，提高各项方案的可行性（图 24）。

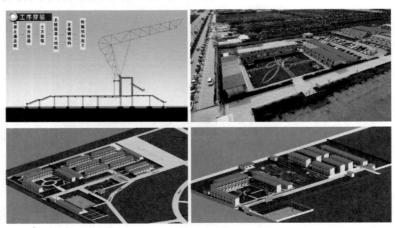

图 24　方案优化

6.3.2　预制加工

利用各专业软件的自动提量功能，将建模深化后的看台台阶、钢构构件、圆弧管材、幕墙板块等进行工厂化预制加工，有效提高了加工精度。

6.3.3　空间测量定位

利用测量机器人将 BIM 模型数据与测量仪器结合，对圆弧看台、罩棚钢结构、幕墙等部位进行空间测量定位，提高放线效率和精度（图 25）。

a)   b)   c)

图 25　测量定位

6.3.4　4D 施工模拟

本项目采用 Synchro 软件进行钢结构吊装模拟，有效地帮助项目管理者合理安排施工进度，并且根据进度要求优化人、材、机等各种资源，减少窝工的情况（图 26）。

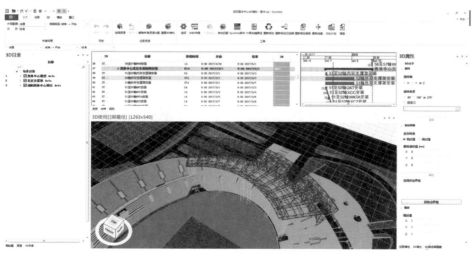

图 26　施工模拟

6.3.5　质量管理

将模型上传至 EBIM 平台，现场管理人员通过手机端 APP 采集质量问题信息，将现场问题与模型进行挂接标注，明确责任人，落实整改。

7 BIM 技术应用创新

7.1 钢结构施工 BIM 技术一体化应用

本工程罩棚钢结构用钢量大，拼装及吊装定位精度要求高，在策划阶段，通过对吊装施工方案进行研讨优化，将管桁架吊装由单片安装改为大块体安装，有效减少了高空焊接作业；通过 Midas 软件对临时支撑架下部看台混凝土结构及吊装过程中的杆件进行变形和应力分析，确保结构安全性；采用 3Dmax 研讨优化临时支撑架体及安全措施的连接方式和安装工艺，为施工吊装提供可靠技术保证。在施工阶段，根据深化的 Tekla 模型信息对构件进行工厂化数字加工，精确控制杆件长度及相贯线切割精度，并利用 EBIM 平台的物料追踪功能时刻监控构件的信息状态；在构件拼装过程中，我们利用 Tekla 提取相应块体进行模拟拼装，根据模型中的坐标信息在地面 1:1 放样，制作定位胎架拼装块体，并在块体测量控制点上布置反光贴，用于施工吊装精确定位；在吊装过程中，由于块体均为异形不均匀结构，在 Tekla 中对其重心进行精确查找，计算吊装各索具长度，使块体在吊装过程中的位形与设计状态相符，方便块体吊装的一次性就位。钢结构 BIM 技术一体化应用有效提高了吊装效率，减小了施工误差，节约工期 10 余天（图 27）。

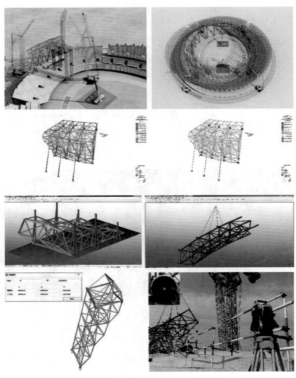

图 27 钢结构施工

7.2　异形幕墙施工 BIM 技术一体化应用

　　本工程外立面由三角形玻璃铝板组成空间开放式罩棚幕墙，项目前期，利用 CATIA 软件对罩棚幕墙板块及支座连接方式进行建模深化，并在 ANSYS 软件中对连接支座进行受力分析；深化设计完成后进行工厂化预制加工，现场拼装。在板块支座连接方式分析时，为增加其可调节性，以脚手架扣件为原型，先后设计出 4 种抱箍式连接支座，但因连接方式不美观、造价过高等原因均未采用，最后提出竖向双爪、横向单爪形式的连接支座，竖向双爪支座承托左右两块板块，角钢上的长条孔用来调节板块进出位，角钢上的凹槽用来调节板块左右位置；幕墙板块吊装时，在模型中确认理论的板块空间安装点坐标，再与现场实际坐标对比调整，减小钢结构焊接变形误差的影响。异形幕墙 BIM 技术的一体化应用，降低了施工难度，提高了幕墙板块的安装效率（图 28）。

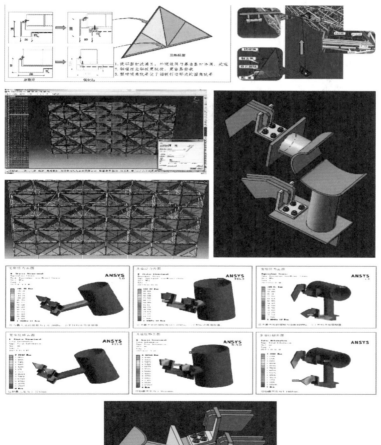

图 28　异形幕墙施工

8 结 语

咸阳奥体中心项目通过 BIM 技术的实施，在深化设计、方案优化、测量定位、协同管理等方面都取得了良好的成果，通过项目内部测算，截至目前取得经济效益 200 余万元。

随着项目的进展，我们将继续探索 BIM 技术在装饰装修方面的应用，不断改进人才培养模式，完善 BIM 实施体系，总结经验，使 BIM 技术在总承包项目管理中的应用流程规范化、标准化，为公司其他项目应用推广打下坚实基础（图 29）。

图 29　建成的项目

银川河东国际机场三期扩建工程项目 BIM综合应用

中国建筑第八工程局有限公司西北分公司系中建八局下属直营公司之一，公司 BIM 自 2011 年发展至今，先后在宁夏亘元万豪大厦、宁夏国际会议中心、华城国际广场、西安绿地中心、西宁海湖万达、陕西人保大厦、西咸能源大厦等多个大型项目中实践应用（图1）。目前公司新开项目均使用 BIM 技术辅助项目管理。公司在 BIM 研发方面，建立了标准化 BIM 族库、BIM 二次开发模块、BIM 快速建模系统、BIM 模型应用平台等；在 BIM 应用与发展方面，推进 BIM 与信息化集成，建立 BIM 与云计算集成应用、BIM 与互联网集成应用、BIM 与数字化加工、GIS/3D 打印等集成等，使 BIM 全方位服务于项目管理的各个阶段。

华城国际广场　　宁夏国际会议中心　中国联通IDC数据中心　　中建国熙台2号及地下车库　　　三星A4PKG项目

  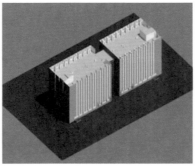 

陕西人保大厦　　西宁海湖万达广场SOHO及大商业　中国电信陕西分公司智慧云服务基地一期工程　　　西安绿地中心A座

图 1　中建八局西北公司 BIM 应用工程集锦

1 工程概况

1.1 项目简介

银川河东国际机场三期扩建项目（图 2）位于宁夏回族自治区银川市临河区内，为现有银川河东机场扩建项目，项目共包含新建 T3 航站楼、新建高架桥、地下停车场三个单体。其中：新建 T3 航站楼建筑面积 82180m²，地上两层（局部夹层），地下一层，建筑高度 23.76m；新建高架桥 9 联 30 跨，桥梁总长 576.5m；其中引桥桥面宽 10m，长 252m，主桥桥面宽 23.5m，长 324.5m；新建地下车库建筑面积 14336m²，地下一层，层高 4.5m，设计总车位 372 位。

图 2 银川河东国际机场三期扩建项目效果图

1.2 工程特点及应用 BIM 技术的必要性

（1）本工程为在运营机场扩建工程，新建 T3 航站楼紧邻原 T2 航站楼（图 3），施工过程中需充分考虑不停航施工，确保机场正常运行。

（2）主楼屋盖采用波浪形单层刚架梁系结构，屋盖总长约 204m，总宽约 104m（图 4）。受场地影响，中心区域施工难度大。

图 3 新建 T3 航站楼位置示意图

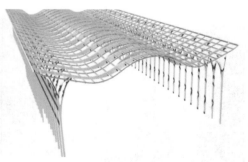

图 4 主楼屋盖系统效果图

（3）本工程安装专业多，吊顶内部空间狭小，且含有大量民航设备预留预埋，各专业管线排布难度大（图 5）。

（4）本工程为宁夏回族自治区门户工程，受外界高度重视，安全文明施工要求高，难度大（图 6）。

因此，为保证施工过程的安全性，项目部通过 BIM 技术应用，进行方案模拟，确保了工程施工任务是顺利展开。

图 5　综合管线排布

图 6　外架模型

2　BIM 应用概况

2.1　BIM 小组概况

本工程投标阶段成立投标 BIM 小组，积极配合投标工作；中标后由原投标 BIM 小组正式成立项目 BIM 小组，小组成员共计 6 人，由经理部业务经理柴慧豪担任小组长，公司 BIM 工作室提供技术支持，各专业工程师配备齐全。专项 BIM 小组成员见表 1，组织架构如图 7 所示。

专项 BIM 小组　　　　　　　　　　　　　　　表 1

姓　名	职　位	职　责
柏海	BIM 小组组长	总体协调各专业 BIM 工程师及项目 BIM 应用的整体策划
柴慧豪	BIM 小组副组长，土建 BIM 工程师	现场土建专业、绿色施工、安全文明施工 BIM 的应用
刘俊杰	机电 BIM 工程师	机电安装专业 BIM 的应用
马佐发	钢结构 BIM 工程师	钢结构专业 BIM 的应用
王宇安	精装修 BIM 工程师	装饰装修专业 BIM 的应用
严瑾	桥梁 BIM 工程师	桥梁专业 BIM 的应用
武雷	公司 BIM 工作室经理	提供技术支持，定期检查项目 BIM 开展情况

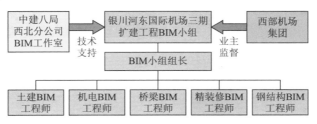

图 7　BIM 小组组织架构

2.2 软件及硬件配置情况

项目配置软件有 REVIT、NAVISWORKS、广联达 BIM 5D、PROJECT 及 3DS MAX 等（图 8），配有专业图形工作站 2 台，移动图形工作站 4 台，项目软件及硬件配置齐全（图 9）。

BIM使用	软件及版本
创建模型	Revit 2016
出图及图纸审核	AutoCAD 2016
设计审核	Navisworks Manage 2016
3D协调	Navisworks Manage 2016
成本估算(5D)	Revit 2016、广联达BIM 5D
施工计划	Project R8.3
预制加工	REVIT 2016
视觉展示	Navisworks Manage 2016、3DS MAX 2016

图 8 软件配置概况

专业图形工作站2台

移动图形工作站4台

图 9 硬件配置概况

图 10 BIM 培训

2.3 BIM 团队管理体系

BIM 小组成立初期针对本工程施工特点编制了 BIM 实施手册及 BIM 建模标准，由公司 BIM 工作室提供全程技术支持，定期邀请技术专家亲临指导（图 10）。BIM 实施工作严格按照中建八局西北公司 BIM 工作管理制度及 BIM 标准执行（图 11、图 12）。

图 11 中建八局 BIM 工作管理办法

图 12 BIM 应用策划书

3   BIM 实施内容

3.1   图纸预审

本工程在图纸会审前组织项目图纸预审（图 13），按照现有施工蓝图建立各专业 BIM 模型，发现图纸缺失 4 项、标注错误 96 项、建筑与结构图纸冲突 27 项，机电安装深化预留洞口 362 处。大大减少了图纸会审的工作量，缩短图纸会审时间。

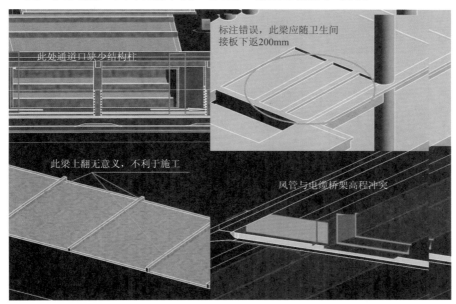

图 13   图纸预审

3.2   总平面布置策划

应用 BIM 技术将总平面布置、临建设施、临水临电整合在一个三维模型中，统一策划，统一布置。确保策划的合理性与可行性（图 14、图 15）。

图 14   办公区及生活区模型

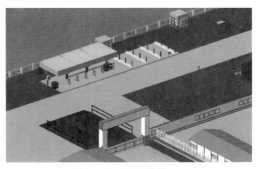

图 15   施工现场模型

3.3　机电安装深化设计

本工程机电安装专业繁多、管线穿插复杂、吊顶内空间有限，利用 BIM 技术进行管线综合排布，通过碰撞检测优化各专业管线标高，综合工期、成本等多方面因素合理布置各专业管线（图 16、图 17）。

图 16　深化模型与实施效果对比

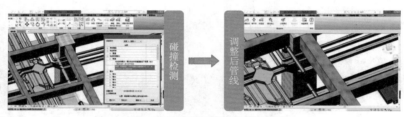

图 17　管线碰撞调整前后对比图

BIM 小组目前已完成机电专业深化图纸 47 张，完成各类安装交底 26 份；深化蓝图由业主、设计单位、建立单位共同确认后下发施工队伍进行现场施工。

机电安装深化设计效益如下：

（1）利用 BIM 技术强大的可预见性，将安装模型与结构模型结合，提前定位结构预留洞口（图 18），避免二次开洞，降低 92% 的返工及开洞成本。

（2）优化调整管线标高，采用公用支架，减少 38% 的支架用量；

（3）原设计部分大梁处喷淋管道需穿梁施工，经 BIM 深化设计，所有喷淋管道梁下布置，减少套管用量 264 个。

（4）经 BIM 深化设计，优化管线综合排布，有效地控制了重点区域净高（图 19）。

图 18　二次结构预留洞

图 19　机电模型漫游

3.4 钢结构深化设计

主楼波浪形单层刚架梁系结构屋盖系统施工体量大、造型复杂；BIM 小组运用 BIM 技术对钢结构进行建模深化设计，配合 ANSYS 有限元软件分析构件受力，优化施工方案（图 20 ～图 22）。

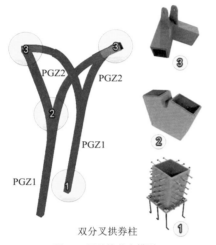
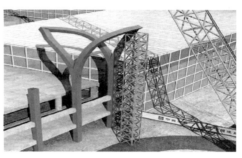

图 20　钢结构节点模型　　　　　　　　图 21　钢结构胎架吊装模型

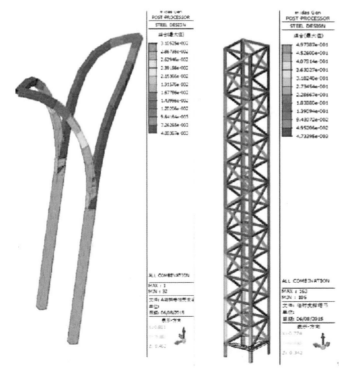

图 22　钢结构有限元分析模型

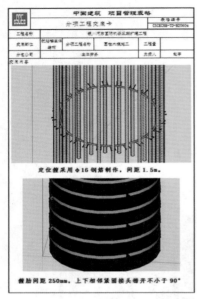

图 23　圆柱木模技术交底

3.5　技术管理

（1）运用 BIM 技术优化施工方案，验证方案可行性，采用三维动画模拟对现场施工班组进行交底，相比于传统的文字交底更加直观易懂（图 23）。

（2）对于本项目重难点施工节点，如圆柱环梁、钢混节点等，建立 BIM 模型进行节点优化，为现场施工起到了良好的示范、引导作用，提高施工管理人员指导作业的效率，确保工程质量和进度（图 24）。

（3）利用我公司 BIM 工作站自行研发的"中建八局 BIM 快速建模系统"中"墙体砌块"工具，自动生成砌体墙砌块优化排布图，生成各区域砌体料单，保证了现场砌块进场及运料的准确性，避免二次搬运造成的人工浪费（图 25）。

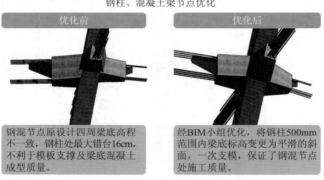

图 24　钢—混节点优化对比

图 25　砌体快速排版及提量

（4）利用"中建八局 BIM 快速建模系统"中"钢筋"工具，自动优化各构件钢筋排布，指导现场施工；结合商务广联达软件，为商务部门算量及钢筋翻样提供依据，有效地控制了现场钢筋用量。经现场实施，本工程钢筋损耗率较合同要求降低 2.4%，节约成本 76.3 万元（图 26）。

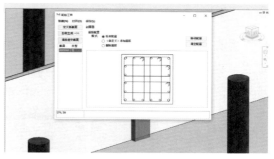

图 26   钢筋快速翻样

3.6   安全文明施工管理

（1）建立丰富的安全文明施工族类型，提前对现场安全文明施工进行策划，并将模型用于管理人员的安全交底，确保现场按照 BIM 模型布置安全防护设施（图 27、图 28）。

图 27   安全体验场漫游

图 28   楼梯及洞口防护模型

（2）根据外架施工方案建立外架 BIM 模型，验证方案可行性；结合结构模型生成立杆排布图，并对复杂节点进行深化设计、方案交底，指导现场施工。

（3）将现场机械设备的进场时间、生产厂家（租赁商）、型号、检修维护情况等信息录入模型文件，实现机械设备的动态管理（图 29）。

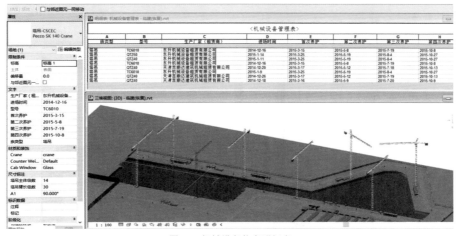

图 29   机械设备信息明细表

3.7　物资管理

　　各类周转工具建立单独族文件，添加进场时间、使用部位、型号等参数，创建构件明细表，提取各周转工具工程量（图 30）；结合现场工期安排生成物资进场计划，有效加强现场物资管理，避免现场周转工具短缺或堆积。

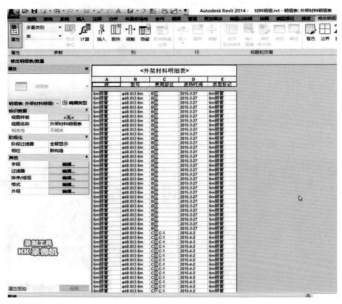

图 30　周转料具明细表

3.8　物业运维

　　（1）运用 BIM 技术，在模型中添加施工过程管理信息参数，让 BIM 模型成为一本三维的电子"施工日志"，以便于现场施工管理及后期物业运行维护（图 31）。

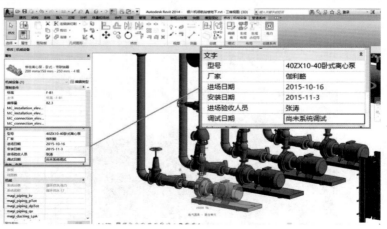

图 31　电子施工日志

（2）根据业主要求，对地下车库车位进行优化布置，经 BIM 小组优化，车位数由原设计 372 位增加至 385 位，优化增加车位 13 位；同时，BIM 小组对车辆导向线及导向牌进行规划，模拟运营阶段车辆运行路线，为后期运维管理提供保障。

3.9 不停航施工策划

（1）原有 T2 航站楼与新建 T3 航站连接处基础原设计为扩大基础后植筋生成柱。BIM 小组建模讨论，原设计需封闭原 T2 航站楼贵宾区，且对原 T2 航站楼破坏严重，不符合不停航施工要求；经 BIM 小组建模深化，变更为原基础不动，在原基础一侧新设悬挑基础，并经设计院确认，同意按此方案施工（图 32）。

图 32　不停航施工交底

（2）本工程新建高架桥第 9 联箱梁与原高架桥相连，施工至第 9 联时需对原高架桥引桥进行拆除，引桥拆除将直接影响原航站楼到达层交通。为满足不停航施工要求，确保原航站楼交通组织，BIM 小组精心策划，对第 9 联箱梁及引桥拆除进行施工模拟，模拟各施工阶段交通组织。经 BIM 小组策划，引桥拆除阶段采用钢构贝雷架搭设临时便桥，待第 9 联高架桥施工完成顺利通行后对临时便桥及后续引桥进行拆除（图 33）。

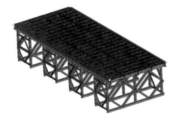

图 33　钢便桥节点深化

3.10 钢结构屋架滑移

本工程 A 区钢结构屋架受高架桥施工场地影响，中间区域屋架无法采用大型履带起重机吊装。经 BIM 小组建模研究，两侧钢屋架采用轻型汽车起重机吊装，中段钢屋架采用滑移技术进行安装（图 34、图 35）。确定方案后，BIM 小组对滑移方案进行深化设计，建立各节点模型；经实施验证，本方案为高架桥施工节约工期 42 天。

图 34　钢结构屋盖滑移模型

图 35　滑移梁节点深化

3.11　鲁班奖创优节点策划

为确保工程质量达到"鲁班奖"验收标准，BIM 小组精心策划，建立工艺样板模型进行交底，对复杂节点重点策划，为现场质量"一次成优"提供了技术保障（图 36、图 37）。

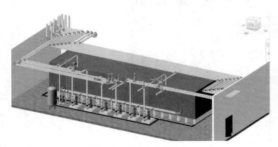
图 36　消防泵房策划

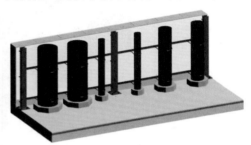
图 37　管井细部做法策划

内蒙古少数民族体育文化体育运动中心项目
BIM综合应用

1 项 目 简 介

内蒙古少数民族体育文化体育运动中心项目是内蒙古自治区成立 70 周年大会主会场,项目位于呼和浩特市新城区保合少镇野马图村,建筑面积约为 7.3 万 m²,合同额为 3.7 亿元,主要功能为赛马场及配套设施。其中多功能主楼、看台楼及亮马圈主体为现浇钢筋混凝土框架 + 钢结构,配套设备用房主体为现浇钢筋混凝土框架结构。2017 年 8 月 8 日,庆祝内蒙古自治区成立 70 周年大会在本项目隆重举行。中共中央政治局常委俞正声,国务院副总理刘延东及内蒙古自治区书记及主席一同出席了此次会议,在社会产生了巨大反响。项目整体效果图如图 1 所示。

图 1   项目整体效果图

2 BIM 要因分析及应对措施

2.1 项目工期短

本工程为内蒙古自治区 70 周年庆典的主会场,是自治区和中建八局的重点工程,社会影响力较大,因为需要在极短的工期内完工,各专业的施工必须穿插进行,因此应用 BIM 技术可以为各工序施工有序进行创造有利条件。

2.2 专业分包多且结构复杂

本工程土建、机电、钢结构、幕墙和金属屋面等各个单体设计复杂，空间形体多变，构件加工及现场施工极其困难。鉴于 BIM 技术的深化设计和可视化管理，为加工及施工带来了很大的便捷。

2.3 钢结构加工难度大

钢结构弯扭构件占钢结构总体工程量的 40%，其中异形箱型弯扭构件和异型铸钢节点等复杂节点较多，加工及安装质量难以保证，使用 BIM 技术可以通过应用数控加工和模拟吊装等技术，提高工程质量。

2.4 应对措施

针对项目以上特点，我们为此在整个施工阶段全程应用 BIM 技术，采用 BIM 先行，指导施工的方针。根据业主和项目具体要求，提前编制项目 BIM 应用策划书。对项目 BIM 模型的建模精度、命名规则、人员的操作权限、版本变更管理、数据提取原则以及项目部相关人员培训等进行详细规划，制订了详细的 BIM 工作流程和 BIM 工作计划，如图 2 和图 3 所示。

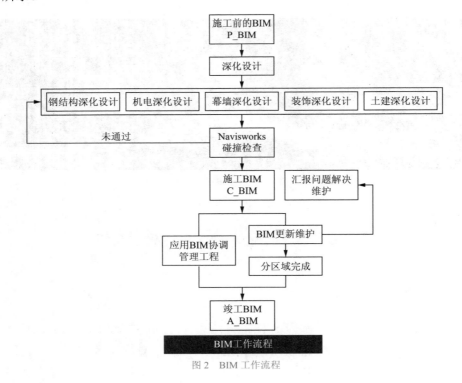

图 2　BIM 工作流程

序 号	工 作 内 容	完成时间及成果	责 任 人
1	BIM团队组建	合同完成的完成核心人员召集工作，合同签订后10日内完成团队搭建工作	项目经理
2	BIM执行计划书	合同签订后15天内完成	BIM小组负责人
3	核对及完善设计阶段BIM模型	合同签订后，施工阶段最初BIM模型创建前完成	BIM小组组长
4	施工阶段BIM模型创建及维护	合同签订后120日内完成施工阶段模板	BIM小组
5	BIM模型的协调、集成	在出具竣工证明前，总承包完成BIM竣工模型的整合及验收	项目经理（BIM小组组长协助）
6	基于BIM模型完成施工图会审和深化设计	和图纸会审一起完成，提交给甲方	项目总工程师
7	碰撞检测	在相应部位施工前一个月完成	BIM小组
8	4D模拟及进度计划优化	在相应部位施工前一个月完成	BIM小组
9	自动构件统计	收到设计变更和图纸会审确定单后14天内完成	BIM小组
10	预制作构件的数字化加工模拟	配合钢结构深化设计、制作、安装同时进行	BIM小组

图 3　BIM 工作计划

3　BIM 综合管理应用

3.1　场地布置

由于冬天温度较低，给现场测量人员带来了大量的困难，采用 BIM 技术大大减轻了测量复核的工作量。本工程场地勘察采用 RTK（Real-Time Kinematic）设备，对场地内每隔 3m 采集原始数据（包括平面坐标及高程），通过 csv 格式的文件导入至 BIM 软件，自动生成场地地形。依据已建立的场地模型，对施工现场的道路、临水、临电、加工场地、塔吊和生活办公区进行平面布置。

项目借助 Fuzor 软件，通过第一人称的视角，直观体验场区平面布置，对每个模拟布置进行虚拟体验来验证平面布置的合理性，使 BIM 建立的模型更加具有可行性，如图 4 所示。

图 4　直观体验场区平面布置

3.2 土建 BIM 应用

3.2.1 模板搭设

本工程的单体分为多功能主楼，亮马圈和看台楼，每个单体造型各异，且高支模较多，尤其多功能主楼的中庭位置，搭设高度达 18m 左右。项目在编制模板方案的过程中，结合 BIM 技术，对高支模区域的模板搭设体系进行承载力计算，对模板搭设区域进行预排布，对工人的交底中通过纸质和计算机模型相结合，形象准确地将模型表达清楚，如图 5 所示。

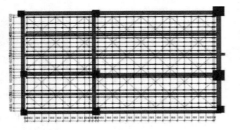

图 5 模板搭设

3.2.2 二次结构深化

多功能主楼和看台楼的屋面在空间形状为圆弧形，每个位置的标高不同。而现场的屋面和幕墙是在二次结构施工完毕后施工，且设计院提供的纸质图纸不能明确的注明各个墙的标高，如若依照常规的施工方式，很难避免砌体与幕墙的位置冲突，可能造成后期二次结构的拆改量很大（图 6）。

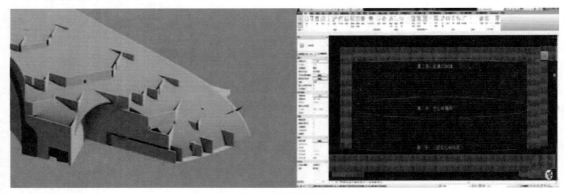

图 6 二次结构深化

本工程在二次结构施工阶段，BIM 工作的着重点为砌体在空间中的标高问题。施工前，我 BIM 小组对砌体结构与幕墙做碰撞检查，对冲突部位标明，调整之后经总工程师批准，出二次结构深化设计图纸。经估算，此次二次结构深化设计节省成本 13.6 万元左右。

3.3 机电 BIM 应用

3.3.1 机电深化设计出图

针对 BIM 机电模型与其他专业模型产生的碰撞，提出相应的问题在项目各方审核后，项目机电 BIM 工程师对模型进行精细化调整，并出具深化设计施工图指导现场施工，如图 7 所示。

 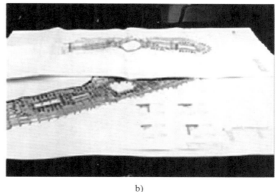

a)　　　　　　　　　　　　　　　　　　b)

图 7　机电深化设计出图

3.3.2　泵房二次深化

针对本工程泵房空间受限、管线复杂、安装观感质量高等特点，BIM 工作室在一次深化的基础上，组织专家组进行泵房二次深化论证，利用 Naviswork、Fuzor 两大平台进行模拟，寻求最佳深化方案，并下发 BIM 深化图纸指导施工，如图 8 所示。

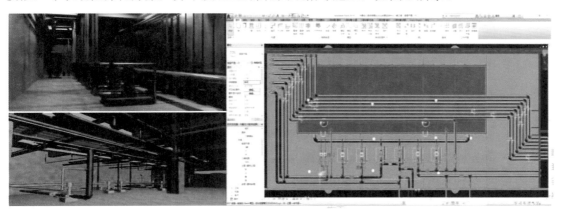

图 8　泵房二次深化

3.4　钢结构 BIM 应用

3.4.1　模型整合

在设计阶段，使用 BIM 建模软件，如 Tekla、CAD、犀牛等软件建立各专业信息齐全的深化模型。在同一坐标系下对各专业单体模型进行定位后，通过模型文件格式转换将各专业单体模型统一整合，最后形成 Revit 或 Navisworks 格式的 BIM 模型，用于下一阶段的碰撞检查，如图 9 所示。

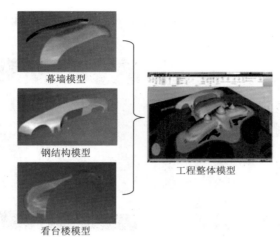

幕墙模型

钢结构模型

看台楼模型

工程整体模型

图 9　模型整合

3.4.2　BIM 模型力学分析

将 BIM 模型导入专业计算分析软件，对结构进行安全性计算分析，结构变形分析，优化结构设计方案，确保结构的安全、可靠及经济，如图 10 所示。

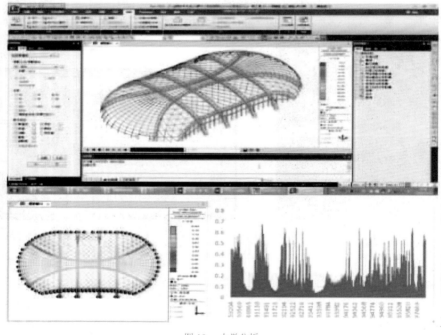

图 10　力学分析

3.4.3　钢结构数字化加工

该项目弯扭构件、管构件众多，加工制作难度大，在圆管构件加工制作时，采用全自动钢管弯弧机精确加工，根据 BIM 模型输出圆管构件加工图，数控切割下料，如图 11 所示。

利用 BIM 模型，结合自主研发无模成形设备，通过模型生成加工下料信息，数字化下料，提高加工精度，确保弯扭构件的造型满足设计，如图 12 所示。

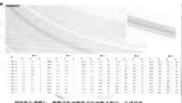

a)BIM模型屋面分格方案确定　　　b)屋面板号及加工图、清单输出　　　c)屋面次檩条设计及加工图生成

图 11　生成加工图

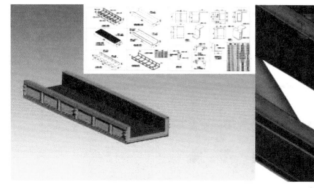

a)　　　　　　　　　　　　　　　　b)

图 12　数字化下料

3.5　幕墙 BIM 应用

项目幕墙采用参数化建模，现场严格按照模型节点进行施工，确保幕墙施工顺利进行，无返工，无错误。

（1）根据方案设计图纸，在选定的 BIM 建模软件中建立完整的幕墙体量模型，该模型包括建筑物的概念造型以及标高、轴网、外轮廓尺寸的控制点等要素。

（2）按建筑图的要求，对体量模型的幕墙外皮进行分格。

（3）建立相应的幕墙单元板块或构件的"族"或"零部件"参数化数字样机，建立完善的项目 / 材料编码体系。

（4）根据幕墙系统的 CAD 平面节点设计方案，设立参数规则，导入相应的参数化幕墙单元或构件，在体量模型外皮建立幕墙参数化模型。

（5）对建好的数字样机及幕墙模型进行自动构配件统计、虚拟制造、模拟施工、加工组装及施工工艺分析、结构分析等应用，如图 13 所示。

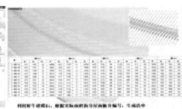

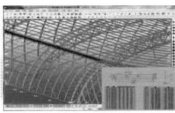

a)BIM模型屋面分格方案确定　　b)屋面板号及加工图、清单输出　　c)屋面次檩条设计及加工图生成

图 13　虚拟制造

3.6　BIM 协调管理应用

3.6.1　各专业施工协调

各专业 BIM 模型完成模型整合后，对各专业之间进行碰撞检查，出具碰撞报告，为优化设计提供优化依据，减少设计错误，合理组织工序穿插，实现在施工前预先解决问题，避免施工阶段不必要的浪费和工期延误如图 14 所示。

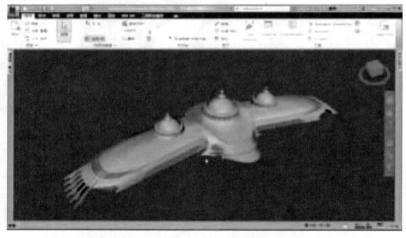

优化前　　　　　　　　　　　优化后

图 14　各专业施工协调

3.6.2　施工仿真计算分析

将 BIM 模型导入专业计算分析软件，模拟施工过程，计算分析施工过程中杆件应力变化，确保施工安全，如图 15 所示。

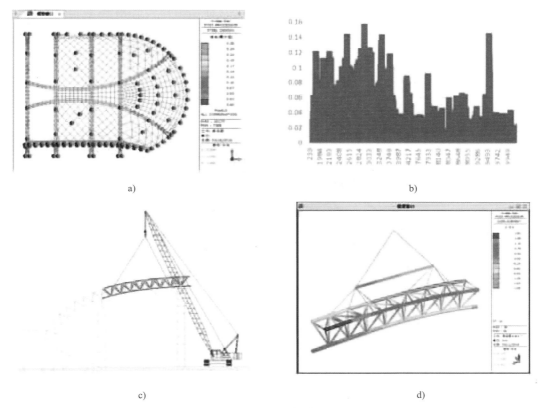

a) 　　　　　　　　　　　　　　　　　b)

c) 　　　　　　　　　　　　　　　　　d)

图 15　仿真计算分析

3.6.3　虚拟扫描

采用高精度的工业级光学三维扫描仪及摄影测量系统，对加工完成的构件逆向成形，通过实际的扫描模型和理论 BIM 模型进行比较，偏差部位和偏差多少一目了然，如图 16 所示。

图 16　虚拟扫描

3.6.4　无人机航拍

为了配合 BIM 技术的施工模拟，并对现阶段的施工进度有整体感官印象，项目部使用无人机航拍技术，每隔一个施工节点航拍一次，从航拍中检查 BIM 模型与实际施工现场的差异，分析查找原因，快速解决问题。将虚拟施工与现实结合，从各个方面验证施工部署的合理性，并及时更新和调节施工部署如图 17 所示。

图 17　无人机航拍

4　BIM 成果分析

4.1　成果效益分析

（1）本工程 BIM 技术应用分为土建、机电安装、钢结构、幕墙及金属屋面四个重点，截止竣工前，共节省材料费用 120 万元，人工、机械和措施费用 180 万元，总额突破 300 万元，具体数字如图 18 所示。

（2）本工程从 2016 年 2 月开工，主体结构于 2016 年 5 月底施工完毕，机电安装于 2016 年 6 月中旬开始施工。钢结构、幕墙和金属屋面于 2016 年 6 月 1 日开始施工。

鉴于本工程的社会影响力，工期优化对本工程至关重要。使用 BIM 技术达到的工期优化共 45 天，具体数据如图 19 所示。

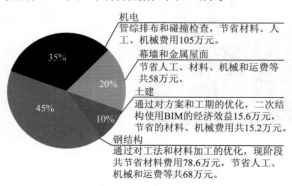

图 18　成果效益分析

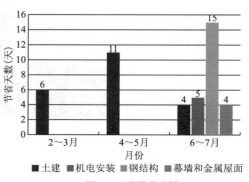

图 19　工期优化分析

4.2 存在的问题与解决方案

4.2.1 存在的问题

在项目 BIM 应用实施过程中，我们发现了以下几个问题：

（1）设计变更较多，模型更改过程中费时费力。

（2）模型建立时，建模人员看图不细，部分复杂节点有错误。

（3）业主对部分做法迟迟未定，延误建模进度，有时甚至临近施工也未建模完毕，导致对部分工程无法做商务和工期优化。

4.2.2 解决方案

针对以上问题，我方总结出应在以下几个方面有所突破：

（1）项目需加强与业主方的交流，除了减少不必要的变更外，对建模的过程管控也需加强。

（2）在实施过程中，需由 BIM 负责人带头，定期检查 BIM 建模师的成果，形成奖罚机制。

（3）BIM 工程师需定期去分管的区域现场查看，对于模型与现场不一致的区域，及时与施工管理人员沟通。

5 结　语

由我司承建的内蒙古少数民族群众文化体育运动中心于 2016 年 2 月 19 日开工建设，2017 年 5 月 30 日建设完工，7 月 30 日顺利通过竣工验收。项目建设中，中建铁军不畏风雪、日夜兼程，在一年的有效施工时间里，将一座独一无二的蒙元文化建筑屹立于大青山下，似雄鹰展翅翱翔。

令行禁止，使命必达。八局西北人在经历了宁夏国际会议中心、敦煌文博会项目攻坚战之后，再一次用高效的履约能力证明了年轻的西北公司是一支关键时刻顶的上、打得赢的铁军团队。

陕西中医药大学第二附属医院项目 BIM综合应用

陕中二附院项目位于西咸新区沣西新城，占地面积约 $20m^2$，为国内单体面积最大的医疗建筑，合同额约为 4.88 亿元，是集医疗、保健、科研、教学为一体的大型三级甲等综合医院（图 1）。

图 1　陕中二附院整体效果图

1　BIM 组织与实施

1.1　采用 BIM 技术的原因

（1）项目专业性强，施工精度要求高。作为大型三甲医院，医疗专业用房多，净配中心、电子加速器机房、心脏介入中心、NSU、MRI 等房间专业性强，工序穿插复杂，规划施工难度大，施工精度要求高，亟须采用 BIM 技术进行深化设计、协同管理。

（2）组织难度大，协调施工需保障。项目体量大，分包队伍多，其中主体结构 3 家分包，机电安装 8 家分包，分包队伍协调施工难度大，亟须 BIM 技术进行管理协调。

（3）项目定位高，建造水平要求高。作为国内单体面积最大的医疗建筑，建成后将成为西咸新区中心医院，并打造西北地区医院项目领航者，项目质量目标为"鲁班奖"，行业影响力大，需要整体提升工程的建造质量和建造水平。

1.2　管理组织架构

项目组建了以项目为核心的 BIM 工作团队，由土建小组 3 人、机电小组 4 人、钢筋小组 2 人共同完成整体项目的 BIM 深度应用。并根据各小组工作内容编制对应的 BIM 工作实施流程和配合管理办法。BIM 工作室组织架构如图 2 所示。

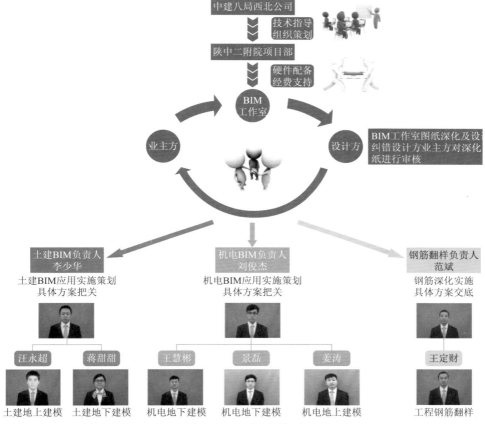

图 2　BIM 工作室组织架构

1.3　体系与制度建设

为保证 BIM 应用的落地实施，项目 BIM 工作室在工程前期编制了项目 BIM 实施策划、项目 BIM 实施计划、项目 BIM 深化设计实施流程（图 3）等保障措施。

1.4　BIM 活动开展与实施

项目定期开展 BIM 夜校、BIM 例会等活动，项目 BIM 的深入应用，吸引了多家兄弟单位、社会各界包括国际友人在内的观摩和交流（图 4）。

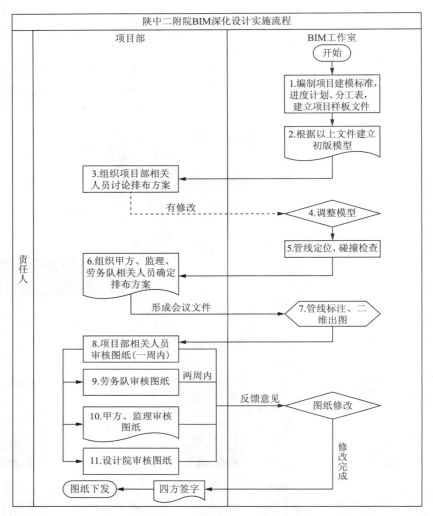

图3 机电深化设计流程

图4 BIM 方案讨论

2 BIM 综合应用

在项目前期策划阶段，我们就明确了项目 BIM 应用的整体思路，即以设计为导向，以管理促落实，探索物业运维深度应用。

2.1 设计管理

2.1.1 设计方案比选

方案设计阶段，设计单位出具了两种建筑形体方案（图 5、图 6），通过模型的分析对比，最终选定方案二为本项目最终设计方案。

图 5 建筑形体方案一

图 6 建筑形体方案二

门头作为整个建筑画龙点睛之笔，根据业主需求，出具了两种设计方案（图 7、图 8），通过反复的推敲分析，选定方案一为最终方案。

图 7 现代风格坡屋面

图 8 仿古风格坡屋面

2.1.2 结构深化分析

采用 YJK 与 REVIT 数据接口，将 revit 模型转换为 YJK 模型，通过盈建科建筑结构计算模块对结构整体进行力学分析以及地震工况下的位移验算（图 9）。

2.1.3 临建设计规划

项目利用公司 BIM 标准化模型库快速进行场区临建标准化的布置，以及通过 BIM 场地布置进行项目观摩工地路线策划，实现了临建方案更高效的比选（图 10）。

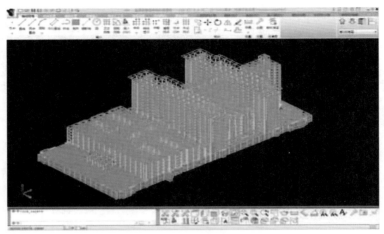

图 9　YJK 结构力学模型分析

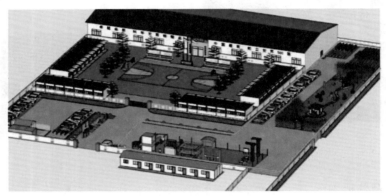

图 10　办公区临建方案

通过详尽的临建方案策划，项目形成了成套的临建标准化模块，并将成果进行汇总，收录入《中建八局西北分公司临建标准化图集》，提高了公司所属各项目的临建质量和进度（图 11）。

a)

b)

图 11　临时设施标准化图集

2.1.4 二次结构深化

在二次结构招标前采用 BIM 技术出具了二次结构深化设计图纸，通过 BIM 技术智能化的自动排砖、自动统计功能，改变了传统的采用 CAD 手动排砖、效率低下的现状，在建立二次结构模型后利用相关 BIM 平台软件的排砖功能快速、精确对每一道二次结构墙体进行砌块排布并编号，并在出具的深化设计图纸上精确显示出构造柱位置、圈梁位置、过梁位置、顶砌斜砖等信息，再利用 BIM 技术的自动统计功能统计出各种不同规格材料的消耗用量（图 12、图 13）。

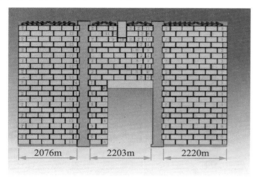

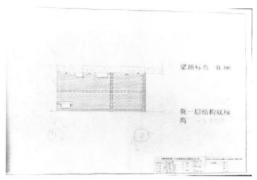

图 12 二次结构深化设计模型拆分图   图 13 二次结构深化设计图纸

2.1.5 模板脚手架深化

项目采用广联达 BIM 模板脚手架设计软件进行了模架体系的深化设计，生成了包括脚手架、模板、背楞、对拉螺栓在内的精细化配模图纸（图 14）。将配模图纸下发至劳务班组，现场模架下料严格按照配模图进行加工，大幅度降低了模板、木枋等周转料具的损耗。

2.1.6 电子加速机房大体积混凝土施工

项目地下室电子加速器机房作为有严格的防辐射要求的核医学用房，剪力墙及顶板最大厚度达到 2800mm，属于大体积混凝土施工，结构荷载非常大，属于医院类项目重点施工部位，项目 BIM 工作室针对此处部位进行高大模板专项设计，建立模板支撑体系模型，并组织各类专家进行联合论证（图 15）。

图 14 模板脚手架深化设计模型   图 15 电子加速机房模板支架深化

2.1.7 管综深化设计

利用协同管理平台，项目整合业主方、设计方、监理方、劳务方共同进行机电管线综合深化设计。截至目前，项目已完成门诊综合楼地下 2 层，地上五层的机电深化设计，累计发现设计问题 83 处，协调解决设计问题 67 处，优化设计方案 21 处（图 16）。

2.1.8 电子加速机房预留定位

电子加速器机房剪力墙厚度最大处共 12 排钢筋，此处预留管因防辐射要求，需进行特殊处理，施工精度要求高，施工难度极大。利用 BIM 技术对该部分钢筋及各管线进行细部节点深化，保证所有套管预留精准施工，一次成优（图 17）。

图 16　机电管线综合排布漫游

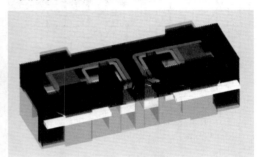

图 17　电子加速机房深化设计模型

2.1.9 支吊架深化设计

根据确认后的深化设计排布方案，项目对支吊架方案进行了详细的设计，包括大管道综合支架、固定支架、活动支架、地下室抗震成品支架等（图 18）。

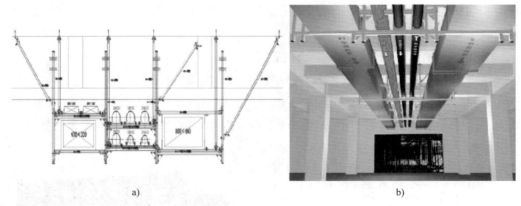

a)　　　　　　　　　　　　　　　　　　　b)

图 18　支吊架设计方案示意图

2.1.10 制冷机房方案设计

项目制冷换热机房位于门诊综合楼地下二层，占地 $678m^2$，总制冷量 12656kW，总换热量为 8300kW，由于项目工期紧，任务重，经综合考虑，项目拟采用预制化施工的方式来分担制冷机房施工周期，项目利用 BIM 技术对机房进行了 5 版深化模型调整，制订了专项预制化设计方案，优化了管道走向，设备机组的位置，机房整体空间变得更为清爽、整洁（图 19、图 20）。

图 19   制冷机房原设计方案   图 20   制冷机房深化设计方案

　　基于 BIM 技术的机房预制化施工方式，缩短了现场施工耗时，减少了机房施工的人工投入，实现了现场零焊接作业，避免了现场施焊造成的环境污染和材料浪费（图 21）。

制冷机房预制化施工管段加工大样图

图 21   制冷机房预制化施工管段加工大样图

2.1.11   设计 VR 优化

　　项目自主创新采用了 VR 设计理念，对机电、装饰装修深化设计方案进行虚拟仿真，通过 VR 虚拟现实，为深化设计方案探讨带来一种更加直观、清晰的设计体验，并通过 VR 反馈结果，项目 BIM 工作室及时对深化模型进行调整，加强了各方的参与度（图 22）。

图 22   VR 应用展示

2.2 施工管理

2.2.1 互联网 +EBIM 总承包管理

大型项目参建方众多，各方沟通频繁，每天产生的文件数量惊人，总承包管理难度巨大，为提高总承包管理力度，战略性地引进了基于 BIM 技术的 EBIM 多方协同管理平台，在建筑全生命周期内，实现网络化的总承包管理（图 23、图 24）。

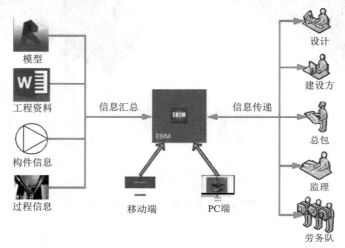

图 23　互联网 + 总承包管理架构

图 24　EBIM 协同管理应用

传统的纸质化办公，信息传递效率低，传递过程不透明。工程各参建方利用 PC 端或移动端实时传递信息，极大地提高了各方沟通的效率。

2.2.2 BIM+ 质量互联网

在深化设计模型完成后，利用 EBIM 平台，对模型中的钢板预埋件进行了专有属性设置，并生产相应的动态二维码信息（图 25），钢板加工成型后悬挂对应二维码标识牌，管理人员在现场对钢板预埋件进行验收时，只需扫描对应位置二维码，根据二维码中的相关参数，与现场实测结果进行比对，将检测结果通过电脑端反馈到 EBIM 云平台，平台会自动更新对应构件的二维码信息。

图 25　二维码协同应用

2.2.3　模架体系商务管理

项目商务部门与 BIM 工作室紧密联动，施工现场临时设施、二次结构、钢筋绑扎、机电安装工程均由 BIM 深化设计模型提取详细工程量清单，由商务部门对工程量进行校核和提资，使 BIM 工作流水化（图 26）。

序号	示意图	规格(mm)	单位	数量	面积(m²)
			模板下料表		
1		1830×915	张	4	6.70
2		1300×790	张	1	1.03
3		1830×400	张	4	2.93
4		1830×385	张	1	0.70
5		1830×350	张	2	1.28
6		1830×315	张	2	1.15
7		1830×300	张	2	1.10
8		790×690	张	1	0.55
9		790×350	张	1	0.28
10		790×300	张	1	0.24
11		520×385	张	1	0.20
12		615×190	张	1	0.12
13		400×285	张	1	0.11
14		400×270	张	1	0.11
15		540×175	张	1	0.09
				总面积	16.59

图 26　模板下料图

2.2.4 钢筋精细化管理

项目部配备了 3 名钢筋翻样工程师，采用广联达 BIM 云翻样软件，建立翻样模型，合理设置钢筋排布及加工规则，尽可能利用定尺钢筋，并且出具了钢筋配料单及精细的排布图纸，提升了钢筋加工、安装效率，并且大幅降低了钢筋损耗（图 27）。

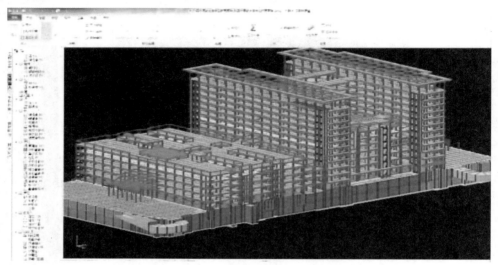

图 27　钢筋翻样模型

2.2.5 机电商务管控

通过 GFC 插件，通过设置相关的建模规则，成功将技术模型转换为商务模型，再导出工程量统计量单，经商务部门核算后，用于组价、总包报量计划和分包报量管控当中（图 28、图 29）。

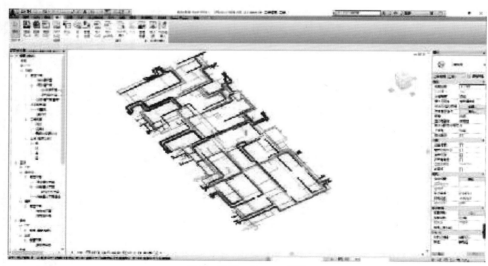

图 28　地下二层 Revit 模型

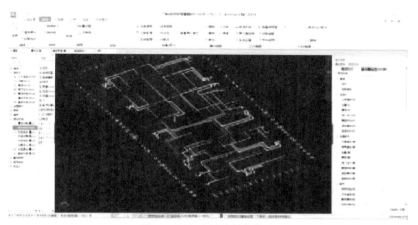

图 29　地下二层商务转换模型

2.2.6　BIM+VR 强化安全管控

基于本项目的 BIM 场地模型和 BIM 结构模型，采用 3DMAX、U3D 等软件，制作了本项目 VR 安全体验，内容涵盖高空坠落、物体打击、机械伤害、触电、坍塌、消防逃生及项目全景漫游。项目新进场工人全部采用 VR 进行安全教育，改变了传统安全体验场进行安全事故模拟的模式，强烈逼真的沉浸感为安全教育体验起到了事半功倍的效果（图 30）。

图 30　进场工人虚拟安全教育

2.2.7　BIM+AR 综合应用

传统的二维施工图无法清楚地表达复杂节点的管线空间关系及细部做法，基于移动端的增强现实技术，可将二维图纸与三维模型完美结合，更好地指导现场施工（图 31、图 32）。

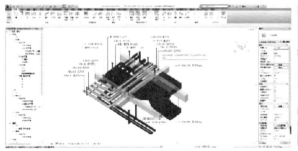

图 31　地下二层 AD\AC-7\8 轴三维节点　　　　　图 32　三维节点 AR 可视化

2.2.8　三维激光扫描管控土方平衡

本项目土方开挖阶段，在基坑东侧空地进行土方内倒堆放，内倒完成后为准确计算该内倒土方方量，采用了三维扫描技术进行土方工程量的计算。基于点云量测原理，现场采用三维激光扫描仪对堆土区域进行扫描和数据采集，将点云数据导入软件中，直接对其进行平面距离量测，空间距离量测、面积测量、高度量测、坡度量测等（图33）。点云数据完成拼接后，直接在软件中进行体积计算，生成准确的计算结果。

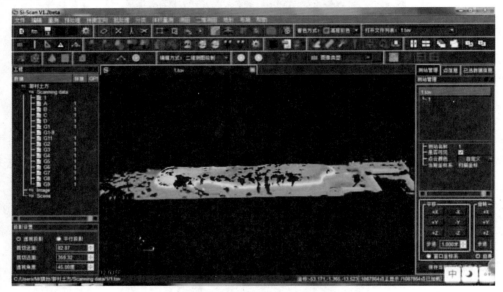

图 33　土方测量点云模型

2.2.9　3D 打印助推预制化拼接

将最终版制冷机房 BIM 模型进行交互，利用 3D 打印技术按特定比例打印实体模型，将模型按预制化制冷机房施工方案进行拆分，以沙盘推演的方式模拟运输、拼装施工方案（图34）。

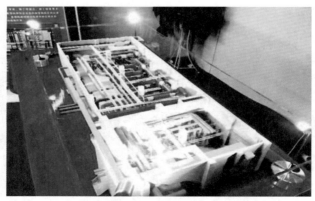

图 34　3D 打印模型

2.3　物业运维管理

陕中二附院为全国单体面积最大的三甲医院，设备资源多，人流量庞大，针对大型医院运营管理难点，我项目部联合建设单位、设计院、物业运维公司，将在以下方面探索实现医院类建筑的 BIM 运维管理，为建设单位提供智能的建筑环境（表1）。

物业运维管理　　　　　　　　　　　　　表 1

运 维 内 容	运 维 目 的
空间管理	(1)合理分配医疗功能空间； (2)监控医院床位、公共车位使用情况,合理利用医疗资源
设备维护管理	(1)实时监测设备运行情况； (2)快速定位故障部位； (3)提供详细的设备参数,方便检修
应急演练	(1)利用 BIM 技术直观立体的特点,进行医院灾害逃生培训； (2)发生灾害后,为人员提供最佳的逃生路线
资源管理	对医疗设备、办公家具进行可视化管理

3　总　结　提　升

3.1　BIM 成果及经济效益分析

（1）完成了项目机电管线的深化设计，并出具深化设计图纸经设计院审核后用于施工。

（2）从业主运维角度出发与考虑，建立 BIM 应用模型，同时进行 BIM 运维方向探索。

（3）模板脚手架及二次结构的深化设计为减少损耗、降低成本起到了积极的作用。

（4）通过 VR 安全体验代替了传统的安全体验场，使施工人员更真实地体验到安全事故发生时的情景。

（5）通过 VR 设计体验和虚拟样板间，为设计优化、设计方案比选起到了重要作用。

（6）通过 BIM 实施吸引了各界交流观摩，为促进地区 BIM 发展起到了助推作用，为企业创造了良好的社会效益。

3.2　BIM 工作的改进措施

（1）在企业内部全面组织 BIM 人员岗前培训，同时加大 BIM 人才实践应用，加强 BIM 人员的项目锻炼机会，避免 BIM 应用过程中的错误，提高 BIM 应用工作效率。

（2）加强 BIM 信息在项目内的协同管理，完善相关制度，明确相关信息的第一责任人，确保信息传递的准确性和及时性。

（3）根据现阶段 BIM 实施情况，和信息传递所需数据，完善修订 BIM 建模标准，使 BIM 模型充分发挥其应用价值。

方兴地产闸北区大宁路325地块（东区）综合机电项目BIM技术应用

1 工 程 概 况

1.1 项目简介

方兴地产闸北区大宁路金茂府项目（东区）综合机电工程位于上海市闸北区彭江路200号，建筑面积18.87万 m^2，分为地下二层，地上13栋住宅，机电工程造价6500万元。BIM技术应用包含电气、暖通、给排水、消防等合同范围内的所有机电系统。

1.2 BIM技术应用背景

本工程是上海市重点项目，地理位置敏感，文明施工要求高；属于高档精装修住宅，机电安装一次成优，是金茂十项新技术试点项目，且业主方具有严格的考核管理制度，同时对企业市场拓展具有重要的战略意义。

2 BIM 技术应用策划

2.1 BIM技术策划书

基于复杂的项目情况和重要的战略意义，我们依据相关标准、规范和项目文件制订了项目BIM实施策划书。并制定了从模型建立、审核，到出图等一系列精细化、标准化的BIM应用流程。

2.2 BIM实施目标

根据BIM技术应用背景、项目的特点和企业BIM发展的实际应用阶段，我们制定了BIM应用目标（图1），同时根据目标进行各个应用点的实施。

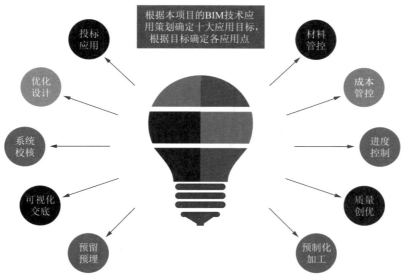

图 1   BIM 技术十大应用目标

2.3   组织机构

项目组建立了以集团技术中心和集团 BIM 技术中心为核心的项目级 BIM 技术团队（图 2），在集团 BIM 技术中心的指导下，结合项目自身人员特点，开展项目 BIM 技术的应用实施（表 1）。

图 2   管理架构

主要人员配备表   表 1

序号	姓名	职务	主要工作任务
1	刘乐	技术总工	总指挥，协调，监督
2	谭克林	BIM 中心主任	技术指导支持
3	马建龙	项目技术负责人	现场资源搜集、分配考核
4	刘利莎	BIM 深化负责人	制定标准、实施方案、细则、模型调整、配合现场应用
5	石沛鑫	BIM 工程师	BIM 建模、维护、配合现场应用
6	唐晓刚	BIM 工程师	BIM 建模、维护、配合现场应用
7	王纪明	BIM 工程师	BIM 建模、维护、配合现场应用
8	顾家	BIM 工程师	BIM 建模、维护、配合现场应用

2.4   软、硬件配置

本项目主要采用 Revit、MagiCAD、Rebro 等主流建模软件并辅助 Navisworks、Fuzor 渲染，利用服务器将信息整合（图 3）。在硬件方面，配备高性能台式工作站 5 台，移动工作站 2 台以及若干移动终端设备，保证建模应用过程的高效、快速。

图 3　软件配置

3　BIM 技术应用实施

3.1　建模准备

3.1.1　统一标准

模型建立时，根据项目制定的 BIM 标准、实施流程，将项目的原点、样板文件等基础数据统一，减少各个相关人员的工作量，避免重复工作，提高建模效率。同时将项目应用过程中的文件分类统一进行管理，便于资料汇总整理。

3.1.2　族库管理

根据项目 BIM 应用特点，建立所需要的族，进行必要的数据准备，从而不断地扩充企业族库，为以后的项目应用做技术积累。

3.2　模型建立

地下室模型建立时，管线密集，标高要求严格，提前与技术负责人和专业工程师进行管线的预排布，建模时进行合理的空间优化，避免专业间大面积的碰撞，减少后续管线综合深化工作量（图 4、图 5）。

图 4　地下室关系综合排布

a) 模型

b) 现场实际

图 5　模型与现场实际对比

3.3　碰撞检查

利用 navisworks 进行专业间检查碰撞，针对同类型问题进行分析优化、总结，有效解决碰撞问题。

3.4　方案讨论

根据深化后的标高问题标记，进行项目内部重大方案讨论，采取合理的优化方案，形成问题答疑文件，上报说明及建议方案，最终根据设计回复再次调整，达到方案最优。

深化方案讨论流程如图 6 所示。

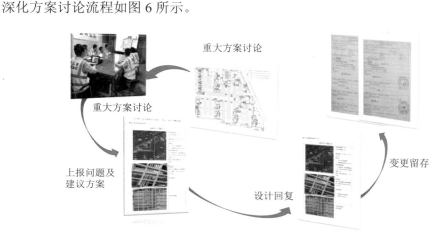

图 6　深化方案讨论流程

3.5　重点区域优化

3.5.1　管线综合排布

此处区域受梁、防火卷帘、车位限高等多方面因素影响，空间较小，施工难度大，深化时考虑了水平位置、净高要求，将 4 趟母线和 2 趟 DN300 的消防水管水平右移，避开大梁和防火卷帘，同时将 1200mm×400mm 的排风风管改为 1600mm×300mm，最终使得车道净高提升 230mm，且解决了 3 个车位无法满足净高要求的问题（图 7）。

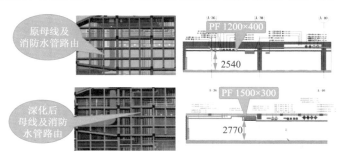

图 7　管线综合排布前后对比图

3.5.2 设备选型变更

利用 BIM 技术进行地下室管线综合排布，采用电机外置离心风机排布完成后，车位净高仅为 2.1m，远远无法满足业主要求，经项目部讨论，建议业主改为轴流风机使净高提升至 2.6 米，最后业主与设计院沟通，确认更换设备选型。解决了地下室 12 个车位净高不达标问题，为业主获得经济效益，得到业主好评（图 8）。

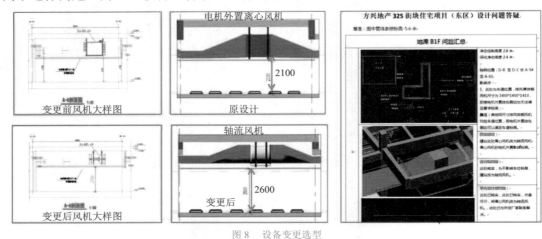

图 8　设备变更选型

3.5.3 大型机房排布

制冷机房综合管线排布，提前预见解决问题，合理优化主通道，预留充足的检修空间，采用综合支架敷设，使布局合理美观（图 9）。同时优化管理和流程，实现施工精细化管理。

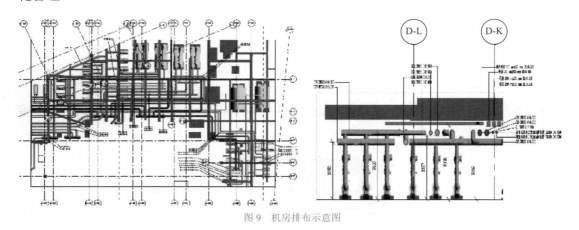

图 9　机房排布示意图

3.6　出施工图

根据三维模型导出施工平面图、剖面图、支架详图，指导现场施工（图 10）。

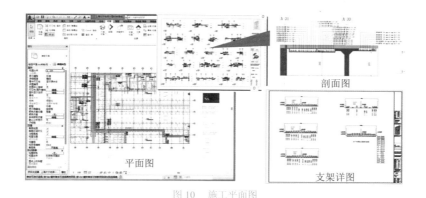

图 10   施工平面图

3.7   预留预埋

配合铝模板进行楼板预留洞时，用角钢和螺杆将 PVC 套管与铝模板固定，特别是在高层住宅管井中的应用，定位精准，防止偏差，待浇筑初凝后拆除套管，重复利用（图 11）。

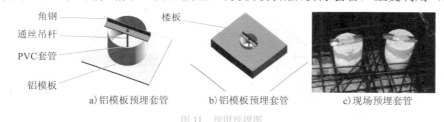

a)铝模板预埋套管   b)铝模板预埋套管   c)现场预埋套管

图 11   预留预埋图

3.8   质量创优

机房内空调风管将采用弹簧支吊架（图 12），减少设备运行中振动的传播，减小风机运行过程中的噪声，降低对环境的影响，倡导绿色施工理念。

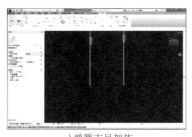
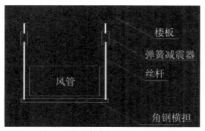
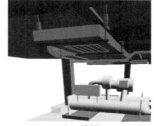

a)弹簧支吊架族   b)安装剖面图   c)三维图

图 12   弹簧支架应用

3.9   成本管理

与传统手工算量相比，可直接导出管件量，汇总管理，实现部分工程量在商务、材料、生产部门的交流,加强对材料消耗的把控(图13)。

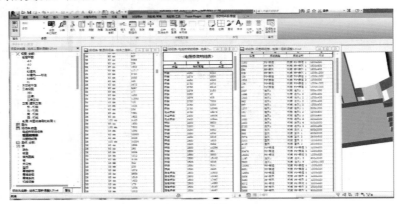

图 13　成本管理

3.10　弱电桥架过路箱

本项目通过运用弱电过路箱,减少传统桥架上下盘弯问题,节约桥架、线缆约5.3%;同时大大提升了管线净空间,效果美观(图 14)。

 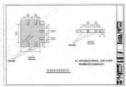 

a)传统施工方法　　b)过路箱三维图　　c)厂家制作加工图　　d)产品实物图　　e)现场安装实物图

图 14　弱电桥架过路箱

3.11　预制化安装

工业化生产成为一种趋势,公司已建立工业化制造基地(图 15),通过 BIM 模型获得机电产品加工信息,运用现代化加工手段进行工厂化预制生产,实现机电 BIM 技术应用 + 工厂化预制 + 装配化施工的施工管理模式。本工程机房将采用预制化加工安装,使用定长分割配管进行编号,出加工图后进行场外预制加工,不仅节约工期,也避免工人水平参差不齐造成的质量问题。

a)工业制作基地　　b)管道加工设备　　c)管道相贯线数控切割　　d)管道三通组对

图 15　工业化制造基地

机房预制化加工流程如图 16 所示。

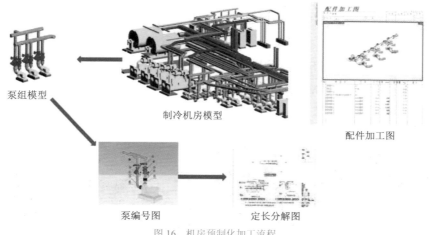

泵组模型

制冷机房模型

配件加工图

泵编号图　　定长分解图

图 16　机房预制化加工流程

4　总结与展望

4.1　经济效益

该项目 BIM 技术应用过程中，提前解决设计变更 287 处，采用弱电桥架过路盒节约桥架、线缆约 5.3%，同时提高管理成效，预计目前节约总成本约 61.3 万元。

4.2　社会效益

兑现承诺，致力打造精品住宅，科技住宅。金茂集团下属分公司和上海安装协会成员多次到现场观摩，受到一致好评，且我司工人参加"骑士杯"、"鲁班杯"取得优异成绩，展现了企业的综合实力，这对企业品牌价值的宣传和市场的拓展具有重要的战略意义（图 17）。

a)　　　　　　　　　　　　　　　　　　b)

图 17　技能大赛

4.3 人才培养

我们遵从企业的 BIM 人才培养模式，采取多元化的培养方式，进行现场技术指导考核提升，不断完善以 BIM 技术实施应用为主的工作流程、管理制度，现场积累总结经验，最终达到整体提升。本工程 BIM 应用过程中，培养了 BIM 工程师 5 名，为实现项目专业工程师必须会而精的使用 BIM 技术奠定基础（图 18、图 19）。

图 18　公司 BIM 技术培训　　　　　　　　图 19　现场服务指导

4.4 经验总结

本项目 BIM 技术应用过程中，依据企业 BIM 发展模式，根据项目特点，实现 BIM 技术应用落地，同时进行全方位总结。

从项目综合成本考虑，在综合优化排布时，需考虑项目总体成本，全专业综合考虑，力求达到项目整体的经济性，节约成本；助力人才全面发展，针对项目专业工程师趋于知识化，通过 BIM 技术应用，提前进行综合管线排布，提高了他们的全局策划能力；项目管理提升，通过 BIM 技术的引进，结合传统管理方法，大大提高了公司精细化管理水平及协同效率。

创立企业特色 BIM 之路，针对企业具体情况，紧跟行业趋势，在积极探索全过程 BIM 中，找到适合自己企业的 BIM 之路。力求着力于当下的落地应用实施，不断提升，全面发展，达到全生命周期的应用。

凤城一路新能源汽车充电示范站应急工程建设项目BIM技术的工程施工综合应用

1 工程概况

凤城一路新能源汽车充电示范站应急工程建设项目，位于西安市文景路与凤城一路十字西北角，是西北地区规模最大的新能源汽车快速充电桩示范站项目，工程由陕建八建集团 EPC 工程总承包，工程面积 37846m²，框架结构，地下三层、地上五层。分科技楼和停车楼部分，科技楼由原废弃的供热站拆除，整体加固改造而成，停车楼为新建，设停车位 700 余个，快速充电桩 400 个，设有光伏发电系统、雨水回收系统、中水回收系统、垂直绿化系统及建筑能耗分析系统，建筑物饰面为清水混凝土，整体设计新颖别致，彰显绿色节能环保，绿色建筑二星（图 1）。

图 1 凤城一路新能源汽车充电示范站应急工程建设项目效果图

2 BIM 技术在凤城一路新能源汽车充电示范站应急工程建设项目的应用

2.1 制订 BIM 管理标准

为确保 BIM 技术实施，项目部成立了由建设单位、设计单位、监理单位、工程总承包单位与施工总承包单位组成的 BIM 小组，制订多梯队的培训方案，以协同工作的方式让 BIM 应用效益最大化。

以八建集团 BIM 实施手册为依托，制订了本项目 BIM 实施策划书，从 BIM 应用目标、组织分工、基础技术条件需求、建模标准、实施流程、模型质量控制原则、协作规程、模型架构与模型交付标准等 9 个方面对 BIM 应用进行标准化管理（图 2）。

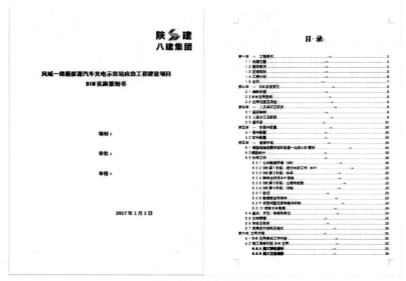

图 2 BIM 项目级标准

BIM 团队配置 8 台图形工作站与移动端设备，在 P-BIM 体系框架下，应用多种软件进行建模和深化设计，并配置了 DELL RD630 私有云服务器保证数据的安全性（图 3）。

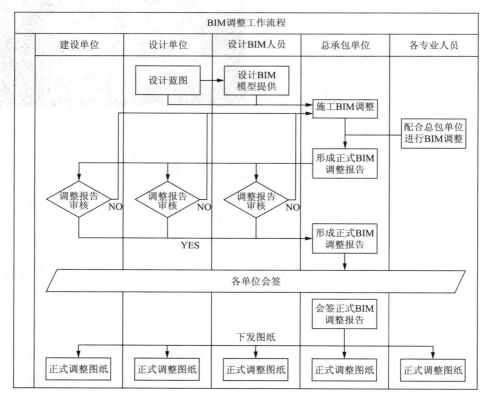

图 3 BIM 实施流程

2.2　BIM 技术在拆除改造工程中的应用

在原废弃的供热站结构切断和输煤斜廊、引风机房等建筑物拆除时，结构受力复杂，无法确定切断、拆除顺序及方案，应用 Revit，合理划分工作集，根据不同的工作集，设好可见性，通过视图表达不同的施工区域，利用盈建科和 Revit 对接，进行结构计算。发现原混凝土柱配筋不足，需要采用钢结构进行加固。将 Project 拆除施工进度计划导进 Naviswork 中进行 4D 施工模拟，发现问题及时调整方案，经统计共节约 40 余万元，有效提高了施工效率（图 4～图 6）。

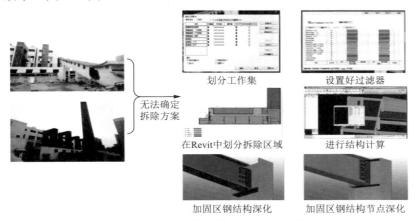

图 4　BIM 技术在拆除改造工程中的应用流程

图 5　经济效益证明

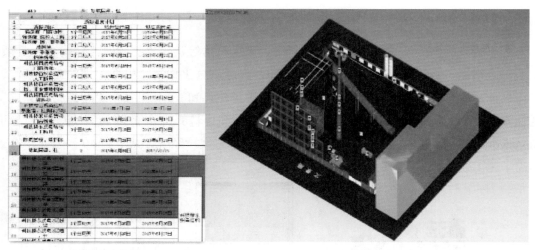

a) 拆除进度计划   b) 拆除 4D 施工模拟

图 6　拆除 4D 施工模拟

2.3　BIM 技术在螺旋形坡道的智能放线

采用智能放样机器人通过在移动终端的 BIM 模型上选取待测点，智能全站仪自动追踪，简化放线流程，实现 BIM 模型与全站仪的结合，提高放样精度（图 7）。机器人测量放样系统无须反复架设仪器，全程单人操作，提高测量精准度，减少人工误差，提升现场投点质量，降低工作强度，有效保证工程进度和成本效益。

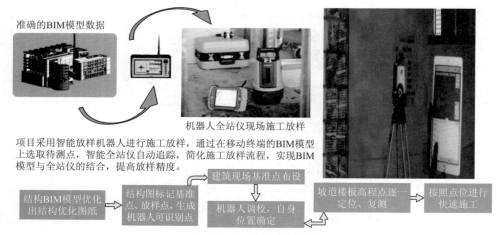

图 7　BIM 智能放线的工作流程

2.4　BIM 在蜂巢芯无梁楼盖的应用

停车楼水平构件设计为蜂巢芯无梁楼盖，在混凝土浇筑施工时，上下层钢筋绑扎与拉钩之间的施工顺序，将直接导致蜂巢芯无梁楼盖板上浮，利用 Revit 建立蜂巢芯无梁楼盖模型（图 8），用 Navisworks 预演施工工艺（图 9），确定施工顺序，增设抗浮措施，保证施工质量。

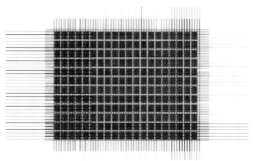

图 8　蜂巢芯无梁楼盖模型

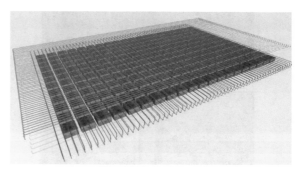

图 9　蜂巢芯无梁楼盖施工工艺预演

2.5　电气配管在蜂巢芯板的综合排布

工程电气系统错综复杂，顶面、地面管线均需提前定位预埋，以上工作只能在无梁楼盖上下层 70mm 厚空间内进行排布，运用 Revit 进行配管综合排布（图 10）。采用不同颜色的过滤器划分各专业线路，结合 Navisworks 动画集功能，进行配管线路优化，消除碰撞，确保蜂巢芯混凝土密实。

图 11 为 BIM 在电气配管工作中经济效益证明书。

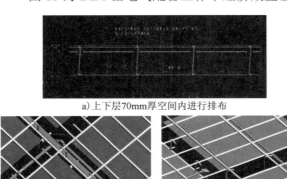

a) 上下层 70mm 厚空间内进行排布

b) 调整前　　　　c) 调整后

图 10　调整碰撞

BIM 在电气配管工程中经济效益证明书

单位工程名称	凤城一路新能源汽车充电示范站应急工程建设项目
BIM 应用名称	BIM 在电气配管工程中的应用
BIM 应用时间	2017 年 3 月至 2017 年 6 月
BIM 应用简要内容	本工程应用 BIM 技术指导现场施工，通过前期模型建立，共解决电气配管碰撞问题 60 处，重大标高问题 15 处，节约了直接人工费 20000 元，减少了施工过程中的重大变更，建设单位节约直接费 30000 元。
财务部门审核意见	
技术部门审核意见	

图 11　经济效益证明

2.6　BIM 在异形模板设计上的应用

本工程柱帽和圆柱均为曲面异形复杂结构，传统钢木模板无法支设，运用 BIM 技术进行深化设计，项目部确定了以塑料模板为主模板支设方案，自主设计并出预制加工图

（图 12），为实现清水混凝土效果奠定基础，直接节约成本 30 余万元。

用Revit对异形曲面柱帽和圆柱的模板设计

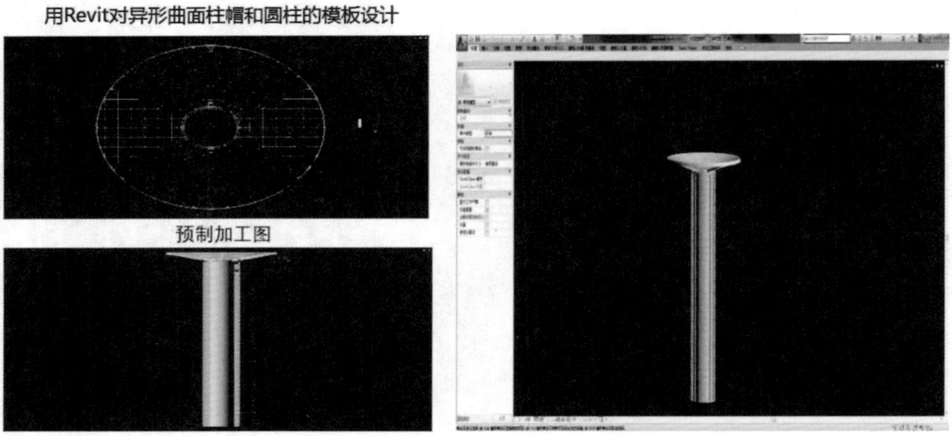

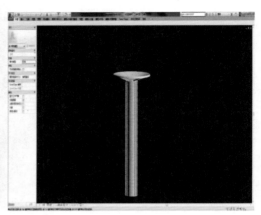

图 12　异型模板的设计流程

2.7　BIM 在复杂节点深化设计中应用

本工程异形柱帽与梁节点三梁交接，钢筋节点错综复杂，难以保证施工质量，采用 BIM 技术进行复杂节点深化设计，确保节点处顺利实施，保证工程质量（图 13）。图 14 为 BIM 在钢筋工程中经济效益证明书。

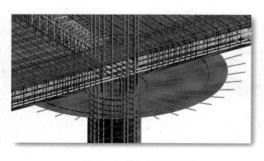

图 13　钢筋复杂节点模型

BIM 在钢筋工程中经济效益证明书

单位工程名称	凤城一路新能源汽车充电示范站应急工程建设项目
BIM 应用名称	BIM 在钢筋工程中的应用
BIM 应用时间	2017 年 4 月至 2017 年 6 月
BIM 应用简要内容	本工程应用 BIM 技术指导现场施工，通过前期模型建立，节点深化设计，通过精确模型导出精准工程量，通过与第三方审计部门比对、核算，精确无误，且工作效率和比较单位传统计算提高了 70%以上，钢筋下料准确，减少钢筋损耗 50t，直接节约成本 30 余万元。
财务部门审核意见	负责：　　　　日　期：
技术部门审核意见	负责：　　　　日　期：

图 14　经济效益证明

2.8　BIM 在装饰装修工程中的应用

建立装饰装修模型，合理排砖，精准统计材料用量，定尺加工，墙、地、顶三缝合一，洁具安装居中对称，实现策划先行，过程控制，一次成优（图 15、图 16）。

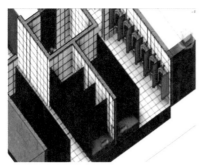

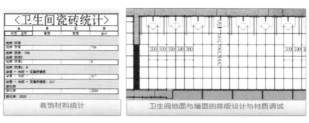

| a) 装饰材料统计 | b) 排版设计与材质调试 |

图 15 装饰装修模型　　　　　　　　　　　图 16 加工排布图

2.9 BIM 技术在临建场布应用

创建临建参数化族库，1：1 建模合理部署各功能区域，可视化组织实施，将 BIM 模型导入 ipad 中，快捷提取构建信息指导施工（图 17、图 18）。

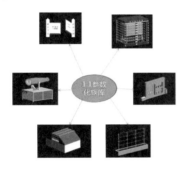

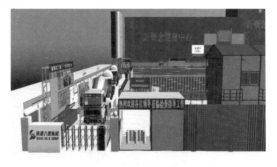

图 17 族库建立　　　　　　　　　　图 18 建立场布模型

2.10 BIM 在深基坑支护工程的应用

建立模型检查内支撑与竖向构件的碰撞，发挥 EPC 优势，调整设计，优化施工；将模型导入 NAVISWORKS 中进行 4D 可视化模拟，展示内支撑及土方开挖的合理穿插，确保安全，预控施工进度；结合施工进度提前模拟内撑梁拆除顺序；将深基坑监测数据反馈至模型中，集成数据，便于安全管理（图 19）。

a）优化前　　　　　　　　　　　　b）优化后

图 19 内支撑与竖向构件的碰撞及调整

2.11 BIM 在 EPC 项目管理上的应用

调整模型命名规则，将模型通过 GFC 插件导入广联达软件中，一模多用，简化工作流程。将模型以 E5D 格式导入到 BIM5D 中，结合进度计划进行施工模拟，直观检查工序穿插逻辑关系，优化施工流程；比较计划进度与实际进度，分析偏差原因，进行进度纠偏；通过资金树状图清楚反映实际与计划混凝土用量，辅助材料管理，提升成本控制（图 20～图 22）。

GCL与Revit构件对应样例表

GCL构建类型		族类别	族	建议绘制入口	族类型建议包含字样	族类型样例
				Revit处理方式		
1	筏板基础	结构基础	系统族	基础底板	基础结构楼板	筏板基础、FB	S-厚800-C35P10筏板基础
		楼板	系统族	楼板	结构楼板/建筑楼板		
		楼板边缘	系统族	楼板边缘	楼板边		
2	条形基础	结构基础	系统族	条形基础	条形基础	条形基础、条基、TJ	S-TJ1-C35
		结构框架	可载入族		结构框架/梁系统		
		墙	系统族	基本墙	建筑墙/结构/面墙		
3	独立基础	结构基础	可载入族		独立基础	独立基础、独基、DJ	S-DJ1-C30
4	基础梁	结构框架	可载入族		结构框架/梁系统	基础梁、JL、JCL、DJ	S-DL1-C35-基础梁
5	垫层	结构基础	系统族	基础底板	基础结构楼板	垫层、DC	S-厚150-C15-垫层
		楼板	系统族	楼板	结构楼板/建筑楼板		
		常规模型	可载入族		常规模型		
6	集水坑	结构基础	可载入族		独立基础	集水坑、集水井、JSK	S-J1-C35-集水坑
		常规模型	可载入族		常规模型		
7	桩承台	结构基础	系统族	基础底板	基础结构楼板	桩承台、CT	S-CT1-C35-桩承台
		常规模型	可载入族	独立基础	常规模型		
8	桩	结构基础	可载入族		独立基础	桩、桩基	S-Z1-C35-桩
		结构柱	可载入族		结构柱		
9	柱	柱	可载入族		建筑柱	框架柱、KZ、框支柱、KZZ	S-KZ1-C35
		结构柱	可载入族		结构柱		
10	构造柱	结构柱	可载入族		结构柱	构造柱、GZZ	S-GZZ1-C20-构造柱
		柱	可载入族		建筑柱		
11	墙		系统族	基本墙	建筑墙/结构/面墙	墙	S-厚400-C35-直行墙
			系统族	叠层墙	建筑墙/结构/面墙		A-厚200-M10
12	幕墙	墙	系统族	幕墙	建筑墙/结构/面墙	幕墙、MQ	A-MQ1
		屋顶	系统族	玻璃斜面	迹线屋顶		
		楼板	系统族	玻璃斜面	拉伸屋顶		
		墙	系统族	基本墙	结构楼板/建筑楼板		
		墙饰条	系统族	墙饰条	建筑墙/结构/面墙		
		常规模型	可载入族		墙饰条		
					常规模型		
13	梁	结构框架	可载入族		结构框架/梁系统	KL、XL、KZL、L、JZL	S-LKL1-C35
14	连梁	结构框架	可载入族		结构框架/梁系统	连梁、LL	S-LL1-C35-连梁

图 20　BIM 模型与 GCL 之间的标准制定

图 21　施工模拟资金曲线

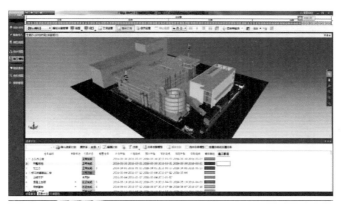

图 22 5D 施工模拟进度计划

通过 BIM 手机端进行现场质量问题的验收与反馈，以 BIM5D 云平台为依托，通过平台大数据处理，进行问题分类，辅助项目及时整改问题并进行动态跟踪（图 23）。

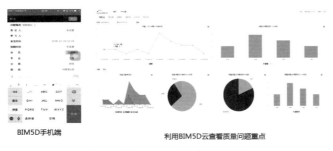

BIM5D手机端　　　　　　　利用BIM5D云查看质量问题重点

图 23 利用 BIM5D 云查看质量问题

3 结 语

凤城一路新能源汽车充电示范站工程对于 BIM 的应用还在不断探索，下一步 BIM 小组将以本工程中的光伏发电系统、停车管理系统及建筑能耗分析系统中的末端数据收集为契机，做好数据接口集成，在运维管理中做出尝试，真正做到为业主增值（图 24）。

图 24 运维目标

BIM技术在渭河特大桥超大规模移动模架连续刚构施工中的应用研究

随着我国工业化和城市化建设的快速发展，计算机技术和信息技术作为十大新兴技术被工程建设行业需求不断增强。BIM 技术支持建筑工程的集成管理环境，使建筑工程在其整个进程中显著提高效率并大量减少风险，得到了广泛的推广应用。BIM 技术的应用，将为建筑业的发展带来巨大的效益，使得规划设计、工程施工、运营管理乃至整个工程的质量和管理效率得到显著提高。

目前在国内，BIM 技术研究主要在大学、科研机构、设计院进行，还没有达到成熟应用到建设工程项目中，需要深化研究范围和拓宽研究领域。为此，本工程根据项目实际需要，针对超大规模移动模架连续刚构施工 BIM 技术应用进行深入研究，与工程实践结合，发挥新技术优势，促进其实践应用。

BIM 的应用在设计、施工、运营维护不同阶段都有比传统管理更突出的价值，其数据核心都是应用三维具有关联性的建筑信息模型。采用对项目进行设计、施工和运营管理，将各种建筑信息组织成一个整体，贯穿于建筑全生命周期过程。利用计算机技术建立 BIM 建筑信息模型，对建筑空间几何信息、建筑空间功能信息、建筑施工管理信息以及设备等各专业相关数据信息进行数据集成与一体化管理。

1 工程概况

1.1 项目简介

西安市临潼区行北渭河特大桥由中铁一局三公司承建，位于临潼区白庙乡和北田镇之间，南北跨越渭河（其中南桥头位于渭河高漫滩，北桥头位于渭河防护堤）。桥长 1868m，桥面宽 17m，下部采用钻孔桩基础，最长桩基 65m。主桥 20×60m（共 20 跨）预应力混凝土等截面连续刚构部分采用下承式 MSS 移动模架施工（图1）。在

图 1　项目整体示意图

60m 跨度上采用 MSS 移动模架施工，且承受箱梁荷载 3000t，这么大跨度和载荷的桥梁，采用移动模架法施工的在国内少有。

1.2 技术应用背景

本项目是结构复杂及各方协同管理涉及面广的大型桥梁项目，其中移动模架是目前桥梁整体施工中自动化程度高、工艺流程复杂、承受荷载重量大的作业平台，平台质量控制严格，施工工期紧张，交叉现象严重，施工进度风险大，模架设计复杂及拼装难度大涉及面广，常规手段难以保证施工安全质量与进度。为此，项目引入 BIM 开展技术支持，以提高施工组织能力，提高现场管理效率。

1.2.1 工程特点

（1）渭河特大桥上部结构采用移动模架法施工，跨度、宽度均处于全国领先，施工技术复杂、管理难度大、工期要求紧。

（2）移动模架规模超大，设计复杂，增加了模架的拼装难度。

（3）主桥预应力混凝土等截面连续刚构，结构复杂，交叉现象严重，对施工工艺、质量控制严格。

1.2.2 BIM 技术应用背景

（1）开展技术应用研究。近些年我国积极推动 BIM 技术，将其应用到项目工程施工中除可加速施工外，更可通过其 3D 的可视化工具，减少图纸文字说明，提升施工品质，其模型构件更可以作为工程全生命周期中在各管理阶段的基础信息库。本工程通过开展基于施工的 BIM 技术应用研究，将为 BIM 技术在超大规模移动模架连续刚构施工工程应用提供应用案例。

（2）提高施工优化与现场管理。大跨径连续钢构移动模架工程施工技术复杂，涉及专业多、施工接口多，引入 BIM 技术提高施工技术与现场管理能力。

（3）施工工期紧，提高施工组织能力。引入 BIM 技术在施工工期紧张的情况下解决施工工艺复杂、交叉现象严重、技术管理困难等一系列影响施工进度问题。

（4）提高施工管理信息化能力。实现 BIM 协同管理平台；开展基于 BIM 技术的技术开发研究。

2　技术应用环境与流程

2.1 技术应用环境

技术应用环境是保障 BIM 技术在项目顺利实施的基础，通过网络、软件、硬件环境的搭建配合，可以有效地实现 BIM 技术成果应用于现场施工与项目协同管理。

本项目主要应用软件为欧特克公司建筑设计系列软件、达索公司系列软件、鲁班公司平台软件，如图 2 所示。硬件配置为 CPU：四核处理器 3.0 GHz、内存：16GB、VR 虚拟仿真眼镜、显卡：独立显卡，显存≥ 1G、硬盘：500G，7200 转。

Windows 7 64位	Revit2017	Abaqus6.14.2	CATIA R26	DELMIA R26
软件运行平台 资料整理内容	桥梁土建模型建立 移动模架模型建立	移动模架力学检算 移动模型结构分析	移动模架模型建立 移动模型结构分析	施工仿真模拟 施工方案优化

FUZOR 2017	Navisworks	鲁班BV V4.1.0	3D MAX	鲁班BE V7.1.0
模型漫游展示 VR虚拟体验	模型碰撞检查 施工进度管理	构件信息查询 坐标信息查询	视频动画制作 三维技术交底	施工进度模拟 协同管理平台

图 2　应用软件

2.2　BIM 技术实施流程

在项目实施初期，通过对图纸的三维建模并赋予相关工程信息用于复核施工方案设计，通过施工仿真、方案比选、虚拟模拟、方案更正来细致优化设计方案，最终实现施工管理的落地实施。建立了以项目策划体系、专项应用体系、综合管理体系为基础的"三大体系"，保证了项目 BIM 应用的全方位实施（图 3）。

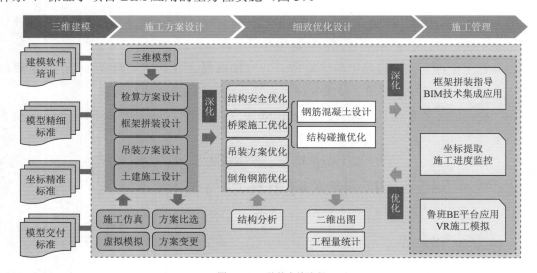

图 3　BIM 总体实施流程

3 BIM 技术应用

3.1 BIM 建模常规应用

（1）严格按施工现场坐标和高程位置构建模型，为后续项目信息化管理提供数据保障，可快速获取工程任意结构、任意点三维坐标用于测量放样（图4～图7）。

图4 精确建立连续梁支座模型 　　图5 预制梁土建模型 　　图6 预制梁土建模型

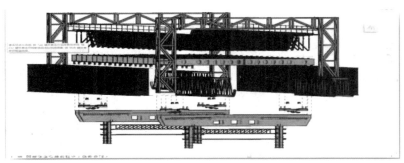

图7

（2）测量前，用 Revit 快速获取测量坐标（图8），并以表格和截图形式上传至鲁班 BE 平台。测量时，工人登录鲁班 BV 查询表格的坐标，避免测量放样中传统坐标计算的繁琐工作（图9）。

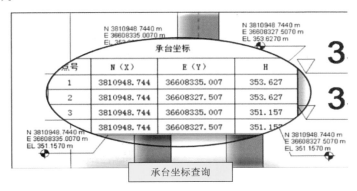

图8 三维坐标提取

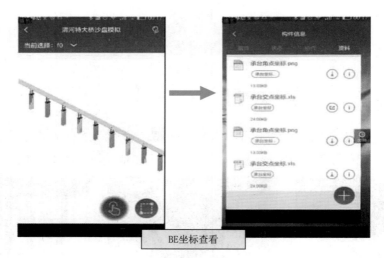

图 9　BE 坐标提取

（3）将连续梁桥墩中钢筋及预应力管道模型，导入 Navisworks 进行碰撞检查，分别找出钢筋与预应力管道、钢筋与钢筋冲突点共 61 个，并提出解决方案，指导现场施工（图 10）。

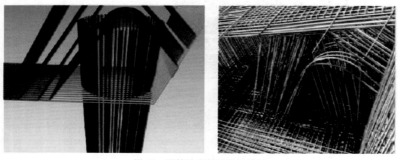

图 10　碰撞检查指导现场施工

（4）从 Revit 模型可快捷提取混凝土与钢筋材料量，为施工物资采购提供数据支持（图 11）。

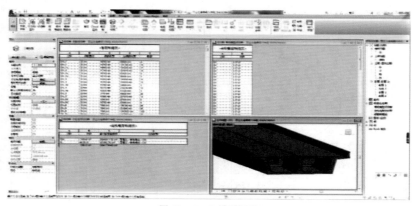

图 11　Revit 模型提量

（5）在移动模架现场安装过程中，通过鲁班 BV 手机端，可准确查询模架构件安装位置及属性信息，辅助工人迅速查找构架并吊装就位，避免了图纸查询信息的冗杂性（图 12）。

图 12　Revit 模型提量

（6）将施工进度在鲁班 BE 沙盘进行模拟，优化施工组织设计协同管理（图 13）。

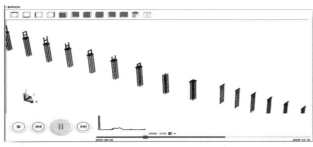

图 13　软件模拟大桥施工进度

3.2　BIM 技术集成使用

3.2.1　Catia+Abqus+Revit 技术集成应用

采用 Catia 构建力学模型，导入 Abqus 进行力学分析（图 14），在建立的移动模架 Catia 三维模型基础上，根据实际施工工况，施加约束与载荷，分析模架纵移 20m、36m 和 46m 时的受力情况，并进行力学检算，检算安全后采用 Revit 构建出模架 BIM 模型进行辅助拼装。

图 14　Catia+Abqus+Revit 技术集成应用

3.2.2 Catia+Delmia 技术集成应用

移动模架主梁吊装时易出现吊耳位置不当、主梁吊装过程中歪斜，同时主梁对接与安装需要二次搬运，安装困难且成本高。用实际主梁三维模型，通过选取多组吊点进行 Delmia 吊装模拟，最终确定最优吊点，取代原吊点位置（图 15），解决上述问题。将 Catia 模型导入 Delmia 进行施工模拟（图 16），体现预期施工效果。

图 15　Catia 建立三维模型　　　　　　图 16　通过 Delmia 模拟确定主梁吊点

3.2.3 鲁班 BE 平台的应用

将 Revit 模型导入鲁班 BE 平台，实现施工现场高效管理（图 17），通过多角度全方位的视角直接将重点、难点、复杂节点有针对性地进行技术交底。采用三维交底可使项目部管理人员、操作工人直观地理解交底内容。

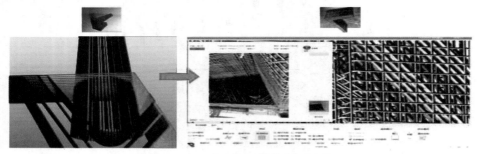

图 17　Revit+ 鲁班管理平台技术集成应用

3.2.4 Revit+Naviswork 技术集成应用

将 Revit 模型导入 Naviswork 进行碰撞检查，提前给出优化方案（图 18）。

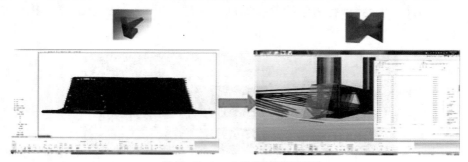

图 18　Naviswork 碰撞检查实际应用

3.2.5 Revit+Fuzor+VR 技术集成应用

将 Revit 模型导入 Fuzor 软件，通过 Fuzor 与虚拟现实设备的接口接入到 Fuzor 的 VR 场景中（图 19），实现了移动模架施工的 VR 三维交底。

图 19 移动模架施工的 VR 三维交底

4 BIM 技术应用分析

本项目 BIM 技术的引入，极大地提高了项目管理效率。由于 BIM 技术的介入，使项目施工管理更加趋于精细化，人员技术能力培训、人力资源组织以及施工的交叉作业协调效率明显提高，使项目管理组织能力以及物资管控能力明显提高。

通过将土建模型与机械模型结合，有效打破传统设计与施工的协同性障碍。对模型进行力学检算，Revit 三维设计，保证模架安全使用；杜绝了传统二维模架设计图纸错误，方便了工人下料制作；软件仿真模拟优化预制箱梁倒角钢筋设计，保证了施工质量，节约了施工时间；传统图纸采用人工绘制，任意断面无法出图，而本工程采用 BIM 软件共解决图纸问题 61 个，可实现任意剖面、任意角度出图，避免了变更和返工；采用 BIM 协同管理平台，解决了传统项目部各部门信息孤岛问题，提高了整体工作效率；运用 VR 技术使工人身临其境的体验移动模架的拼装过程，减少了技术人员交底不明的情况。

在本项目中，由于 BIM 技术的引入以及深入应用，仿真模拟、施工优化、管理完善、VR 交底节约间接费用共 126 万元左右，施工组织效率也明显得到了提高（图 20）。

BIM 技术进入项目管理工作流程是 BIM 技术应用成功的关键，领导重视、员工认可是 BIM 技术应用成功的前提，BIM 项目实施以公司化或区域化战略部署为主，忌讳单独推进，使资源无法共享。公路桥梁行业施工有别于其他，变截面多、施工战线长，如何有效地提高工作效率还有很长的路要走。

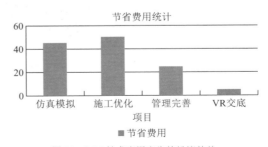

图 20 BIM 技术应用产生的经济效益

BIM技术在中国——马来西亚钦州产业园施工中的应用

随着建筑行业快速发展，企业工作高度重视管理工作的高效快捷，信息化作为十大新兴行业其显著的优势被工程建设行业青睐。以三维数字技术为基础的 BIM 技术因为其对建筑工程项目各种相关信息的高度集成，在建设项目中得到了广泛的推广应用。

现阶段 BIM 技术已应用于各土建结构、装修工程、站内通风和给排水工程，但技术应用还是处于初期阶段。为此，本工程根据项目实际需要，针对中马钦州产业园工程 BIM 技术应用进行深入研究，力求深入地将 BIM 技术应用于产业园工程建设中。

1 工程概况

1.1 项目简介

中国—马来西亚钦州产业园区启动区综合配套设施建设项目（一期）位于中国—马来西亚钦州产业园区启动区内，总用地面积为：18718.78m²，总建筑面积 86980.2m²；办公楼地上 20 层，地下 2 层；住宅楼地上 30 层，地下 1 层；酒店地上 17 层，地下 2 层；商业地上 3 层，地下 2 层。本项目针对其中的 3 号楼酒店进行 BIM 技术试点应用，3 号楼酒店地上 17 层，地下 2 层，建筑面积 22129.03m²（图 1）。

图 1 中马产业园效果图

1.2 工程特点及技术应用背景

本工程施工面广，工艺要求高，质量控制严格，施工工期紧张，交叉作业多，施工进度风险压力大。为此，项目引入 BIM 开展技术支持，以提高施工组织能力，提高现场管理效率。

1.2.1 工程特点

（1）项目体量大，综合性强，各专业协同要求高。施工界面包含产业园房建主体、机电安装施工以及园区内管线施工，是工程施工界面最多的几个专业之一。

（2）模盒施工新工艺交底困难。场必须按图纸的要求在厂方技术人员的指导下组装模盒，安装组织复杂，易造成返工。

（3）工艺要求高、质量控制严格。马产业园区是双方在中国西部地区合作的第一个工业园，具有示范意义。园区按照"政府搭台、园区支撑、企业运作、项目带动、利益共享"的合作模式，建成高科技、低碳型、国际化的工业园区，将成为中马两国经贸合作的标志性项目和中国—东盟自由贸易区合作新的典范。

1.2.2 BIM 技术应用背景

（1）开展技术应用研究。BIM 技术在本工程通过开展基于施工的 BIM 技术应用研究，将为 BIM 技术在园区建设工程应用提供有力的应用案例。

（2）提高施工优化与现场管理。施工工作面分布广，施工技术复杂，设计专业多、施工接口多、现场施工前置工作量大，引入 BIM 技术有利于提高施工技术与现场管理能力。

（3）施工工期紧，提高施工组织能力。引入 BIM 技术在施工工期紧张的情况下解决施工线路长、界面分散、专业多、技术管理困难等一系列影响施工进度问题。

（4）提高施工管理信息化。通过基于 BIM 技术的技术开发研究，提高施工管理信息化能力，实现施工管理高效快捷。

2　技术应用环境与流程

2.1　技术应用环境

技术应用环境是保障 BIM 技术在项目顺利实施的基础，通过网络、软件、硬件环境的搭建配合，可以有效地实现 BIM 技术成果应用于现场施工与项目协同管理。

该项目的软、硬件配置情况如图 2、图 3 所示。

名称	型　号
处理器	第四代智能英特尔®酷睿i7-4810MQ处理器
操作系统	Windows 7专业版64位(简体中文)
显示器	15.6英寸UItraSharp FHD(1920×1080)宽视角防眩光LED背光显示器
内存	16GB(2×8GB)1600MHz DDR3L
硬盘	256G固态盘
显卡	AMD FirePro M5100/NVIDIA Quadro K2100M

图 2　网络及硬件环境

图 3 软件环境

2.2 BIM 技术实施流程

本工程通过项目施工管理为主线，分阶段结合施工特点采用 BIM 技术为施工提供有力支撑，根据各自特点实行 BIM 技术的差异化应用，按照实施流程落实 BIM 技术的具体实施（图 4）。

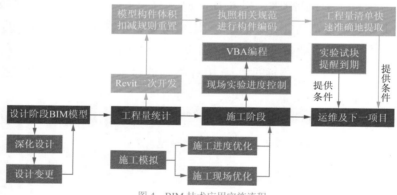

图 4 BIM 技术应用实施流程

3 BIM 技术应用

3.1 BIM 技术常规应用

3.1.1 图纸审核

技术人员通过设计图纸，搭建场地模型。根据设计规范要求进行图纸审核可视化分析，利用 BIM 技术，获取设计存在问题报告，并通过可视化分析形成修改方案建议报告，向设计院提出答疑报告（图 5）。

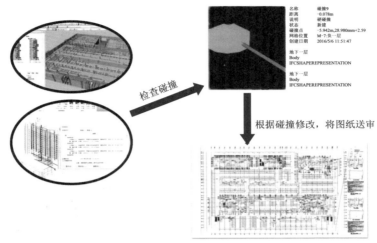

名称 碰撞9
距离 -0.078m
说明 硬碰撞
状态 新建
碰撞点 -5.942m,28.980mm+2.59
网格位置 M-7:负一层
创建日期 2016/5/6 11:51:47

地下一层
Body
IFCSHAPEREPRESENTATION

地下一层
Body
IFCSHAPEREPRESENTATION

检查碰撞

根据碰撞修改，将图纸送审

图 5   图纸审核应用流程

3.1.2   碰撞检查、深化设计

根据建立的模型，通过各专业在 Navisworks 平台上整合，进行各专业间的碰撞检查，根据碰撞检查报告进行调整，操作流程如图 6 所示。

经过模型融合，检查出通风系统管道与供气管道发生碰撞，通过可视化分析对设计进行探讨分析，确定对供气管道进行优化，优化方案上报设计院审批（图 7）。通过诸如此类 BIM 技术提前模拟发现施工中可能存在施工问题，提前制订预防措施，避免施工中突发问题带来的影响。提高了施工管理的可控性。

1 • BIM各专业模型建立

2 • 专业内三维碰撞及合理性检查

3 • 专业间三维碰撞及合理检查

4 • 发现问题，及时调整

5 • 主要工艺视频及VR展示

6 • 指导现场施工

图 6   图纸审核应用流程

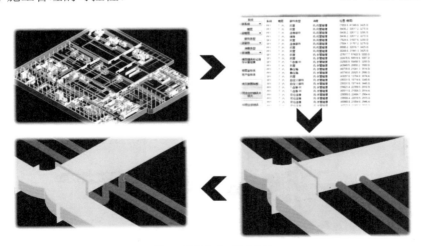

图 7   碰撞检查、深化设计

3.1.3 基于 BIM 的工程量提取

基于 Revit 平台和 Revit API 的二次开发，对模型构件体积扣减规则重置，并按照相关规范进行构件编码。利用建好的 BIM 模型，快速提取工程量，生成材料量清单，为各专业材料量确定、成本核算以及成本控制带来便利。通过总量核对、错漏详查的方法，及时纠正施工中的工程量误差。Revit 工程量提取插件的研发，提高了工程量计算的工作效率和精度，降低了管理成本和预算风险（图 8）。

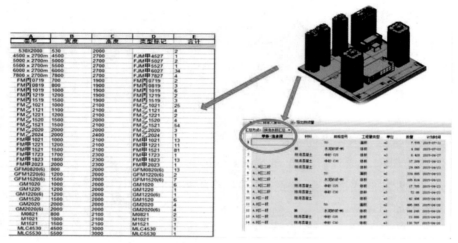

图 8 BIM 技术量的提取

3.1.4 施工场地优化布置

由于园区建设施工现场分散，厂区规划难度大，业主对文明工地建设尤为重视，对项目部施工规划制定落实监督力度大，通过采用 BIM 技术对施工场地的总体进行了布置，制作了规划效果图，在规划汇报中通过可视化让业主如临其境地感受到我单位施工场地规划效果，保证了施工场地的合理性（图 9）。

Revit场布 　　　　　　　现场布置

图 9 BIM 拟建规划与落实情况

3.1.5 基于 BIM 的施工进度计划优化

施工进度动画模拟展示，通过建立的横道图制作施工节点，提取施工策划节点，形成对比分析（图 10），由工作人员在可视化对比分析中获取计划与实际施工差异报告，通过组织研讨会制订进度保障措施，指导施工进度计划的合理性，并对其进行优化，以确保施工进度。

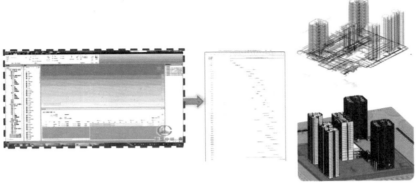

图 10   进度对比

3.1.6 基于 BIM 的质量、安全管理

利用 EBim 技术平台，责任分工对项目施工中安全、质量问题信息实时上传，管理者利用 BIM 平台，及时做出处理，提高工作效率（图 11）。

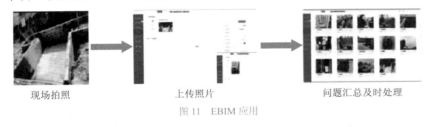

现场拍照   上传照片   问题汇总及时处理

图 11   EBIM 应用

3.1.7 三维可视化交底

通过 VR 技术实现动态漫游，让施工人员更为直观地感受施工场景，使图纸会审、现场技术交底应用、施工现场检查变得简单而直观，充分展示了各个构件的空间关系，为施工人员提前处理好工作面布置提供指导，解决施工交叉作业频繁的难题（图 12）。

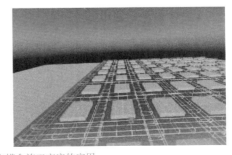

图 12   可视化在模盒施工交底的应用

3.1.8 基于 BIM 的文件管理

通过云平台对图纸进行集中管理，上传施工图纸及施工方案等相关信息，施工各方根据权限设置利用移动设备随时随地查阅图纸，对施工交底落实到每个人，发挥了其自身优势，做到了无纸化工作（图 13）。

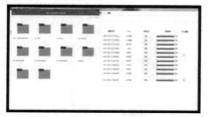  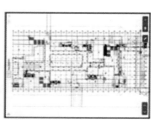

a）Revit数据库建立　　　　　　　　b）Revit模型管理　　　　　　　　c）信息提取应用

图 13　文件管理流程

3.2　BIM 技术创新应用

3.2.1　利用 BIM 指导模盒施工

模盒施工是本工程的重点、难点和亮点，现浇蜂巢空心楼盖施工是整个工程能否成功的关键。施工难度大，交底难度增加，通过 BIM 应用让施工技术人员可以通过 VR 技术熟悉模盒新工艺，进而高效指导施工。

施工中，施工人员通过手机扫取施工现场的二维码，利用二维码准确获取构件信息，跟踪定位材料、设备，实现模盒新工艺的施工技术交底，随时可以观看埋入式石膏模盒等施工工艺视频与施工规范，使工人快速领会施工目的与要求，提高工作效率（图 14）。

图 14　二维码使用获取施工信息

3.2.2　施工现场实验自动化管理开发

利用 Excel VBA 平台编制了程序，施工现场实验人员将实验数据通过"数据输入"实现数据赋值，根据用户给出的试块成型送检的条件（例：日期生成应送日期和已成形天数）达到临界值时给出报警提醒，实现了施工现场实验自动化管理（图 15）。

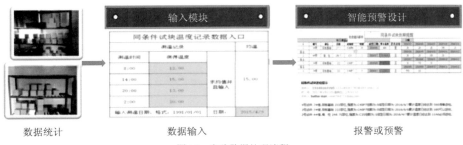

数据统计　　　　　数据输入　　　　　报警或预警

图 15　实验数据处理流程

4　技术应用分析

本项目 BIM 技术的引入，极大地提高了项目管理效率。由于 BIM 技术的介入，项目施工管理更加趋于精细化。人员技术能力培训、人力资源组织以及施工的多专业协调效率明显提高，通过本项目 BIM 技术的成功实施以及在 BIM 技术运用的基础上进行二次开发，大大提高了 BIM 模型的应用效率。

在本项目，由于 BIM 技术的引入以及深入应用，共节约各项资金 240 万元左右，施工组织效率也明显得到了提高。

在项目组织实施中，利用 BIM 进行方案论证、参与 BIM 平台化安全质量管理，创新了项目安全与质量管理方式，使项目安全质量管理真正做到及时参与，积极干预，使我们更加坚定了深入应用 BIM 技术的决心。本项目积累的丰富经验，为项目的精细化管理和集约化管理提供强有力的技术支撑。